科学充电站
KEXUE CHONGDIANZHAN

破译心理密码

POYI XINLI MIMA

郑军◎编著

山西出版传媒集团 山西教育出版社

图书在版编目（CIP）数据

破译心理密码/郑军编著．—太原：山西教育出版社，2015.4（2022.6 重印）（科学充电站/郑军主编）
ISBN 978-7-5440-7550-3

Ⅰ．①破… Ⅱ．①郑… Ⅲ．①心理学-青少年读物
Ⅳ．①B84-49

中国版本图书馆 CIP 数据核字（2014）第 309881 号

破译心理密码

责任编辑　彭琼梅
复　　审　李梦燕
终　　审　张大同
装帧设计　陈　晓
印装监制　蔡　洁

出版发行　山西出版传媒集团・山西教育出版社
（太原市水西门街馒头巷 7 号　电话：0351-4729801　邮编：030002）
印　　装　北京一鑫印务有限责任公司
开　　本　890×1240　1/32
印　　张　6.375
字　　数　176 千字
版　　次　2015 年 4 月第 1 版　2022 年 6 月第 6 次印刷
印　　数　16 001—19 000 册
书　　号　ISBN 978-7-5440-7550-3
定　　价　39.00 元

目录.

一

心理学是什么

二

认知，从外到内的心理过程

三

动作，从内到外的心理过程

四

情绪，心理的燃料

五

意志，心灵的司令官

六

活动，人生的长河

七

情境，活在当下

八

能力，你永远的依靠

九

发展，用你的一生一世

十

互动，从一个人到一群人

一　心理学是什么

1 心理学家在做什么

“你是研究心理学的？那你一定能‘读心’啦。”

“什么？不会？那你会不会催眠？”

“这也不会？那别的控心术你会哪一种？”

“都不会？那你们心理学家究竟在做什么？”

攻读心理学以后，就不断有人提给我这些问题。它们代表公众的期待，大家觉得心理学家就应该有这些本事。其实，有些事情比如催眠，只有极少数心理学家接触过；有些事情比如“读心”，完全不是心理学的课题。

讲清楚心理学家究竟在做什么并不容易。经常有同行悲哀地说，他们去办心理学讲座，自己讲得很清楚，听众听得也很认真，讲完后还是有人站起来劈头就问——您会不会催眠？社会对心理学的偏见之深可见一斑。

神奇的催眠图

所以，我决定在进入正题前，先花整整一章的篇幅来介绍心理学本身——它是什么，它不是什么；心理学家能做什么，不能做什么。如果你带着错误预期来阅读，反而会越读越不明白。

首先，大家要知道，心理学家是研究客观规律的学者，这意味着他们主要在观察心理现象，记录心理数据，发现心理规律。这既不神秘也不浪漫，但是，所有科学家不都在做这个吗？

且看下面这个例子：32名本科生和研究生被请到南京大学社会学院心理学系，参加一项心理实验。他们要依次进入一个直径三米，由黑帘围出的圆形场地。有人戴眼罩，有人不戴眼罩。里面地毯上分别摆着剪刀、杯子、蜡烛等物件，每个人都站在场地正中央。不戴眼罩的人通过视觉记下它们的位置，戴眼罩的人由实验员领着，逐次走到每个物体前再回到中央，通过身体的移动记住它们的位置。

然后，所有学生都戴上眼罩，原地转身270°，根据耳机里的命令指出某个物体的位置。当然，他们肯定指得不准。实验人员要记录他们手指的方向与该物体真实方向之间的角度。

这看起来像在做游戏，其实是一场严谨的心理学实验，用来研究一种名叫“自我中心空间快照”的心理现象。人类生活在三维空间里，每时每刻都在感知自己与周围物体的关系，否则寸步难行。你可能从没听过“空间快照”这个词，但你天天都在使用这种心理功能。然而，这个心理过程是怎么实现的，又有怎样的规律？靠常识和辩论得不到答案，心理学家必须做实验来检验它。

心理学家的主要工作，就是搞实验和调查。上面这个实验很严谨，但是看起来花不了多少钱。不过，有时候心理学家也会使用昂贵的设备。西南大学心理学系就有一台仪器，价格三千多万元，开机一次据说就要花费数千元。它叫正电子断层扫描仪。能通过γ射线，在人进行某个心理活动时，探测到大脑哪些位置血流量会增加。操作这样昂贵的仪器，也是心理学家工作的一部分。

怎么样，这和你印象中的心理学太不一样了吧？但这才是真正的心理学。

心理学家在做实验

2 不知道你在想什么

好，现在你已经知道，心理学家是严肃的学者，主要埋头于研究工作，而不是给人算命打卦。可是，他们究竟在研究什么呢？这里给出心理学的定义：它是一门研究心理过程、个体以及群体活动规律的科学。

有点枯燥？当然啦，科学概念都这样。不过，让我们一点点解释它吧。

先回到上节开篇那个问题——心理学家能否“读心”？这个问题在圈子里很经典，一个人懂不懂心理学，就看他提不提这个问题。只要开口问这条，此人肯定没接触过心理学。

为什么心理学家反而不研究“读心”呢？提这个问题的人，是想去了解心理的内容，而心理学家只研究心理的过程。两者之间的区别，就像“吃”和“吃什么”的区别。

生理学家通过研究口腔和牙齿的结构，可以推断人类咀嚼的规律，但他不会去研究“八大菜系”包括什么。心理学家也一样，他们研究人类如何感知世界，如何记忆信息，如何思维，如何动作，如何产生情绪，但他们不会研究你记住了什么，你正在想什么。

有的读者听说过测谎仪。它是怎么工作的呢？当人类的思维和言语产生矛盾时会造成某些细小的情绪反应，在生理变化上体现出来，这就是个心理过程，可以被客观记录。但是，说谎者脑子里的真相究竟是什么？仍然无从得知。那个测谎仪都挖不出的真相，便属于心理内容。

再比如一个人喝醉后胡言乱语，举止失常。这种变化也属于心理过程，是酒精阻碍大脑皮层额叶控制机能的结果。但喝醉的人醒来后

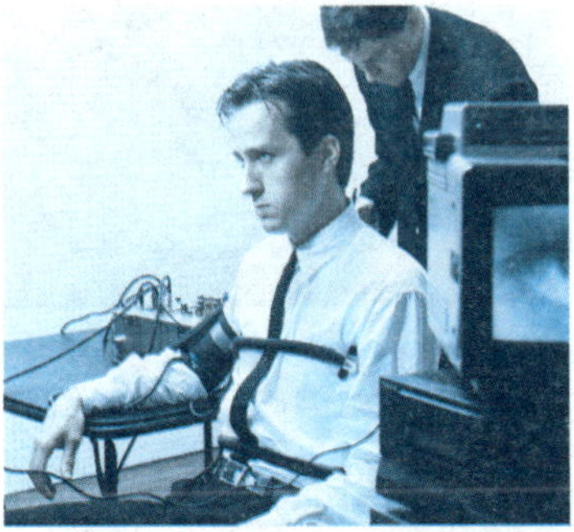

测谎仪不是“读心机”

会不会忘掉自己的名字？搞错自己的性别？找不到工作单位？显然不会。这些属于心理内容。酒精能改变一时的心理过程，不能改变心理内容。

一般人无法“读心”，心理学家可是“专家”啊？会不会有什么先进技术，能像看电视那样看到别人正在想什么？一百年后也许会有这种技术，现在肯定没有。前面说的那种“正电子断层扫描仪”可以扫描人脑，也只是间接记录心理过程，并不能用来“读心”。

所谓心理过程，是指人类心理活动发生发展的过程。心理学家首先要研究这个现象。他们研究人怎么想，不研究人想什么；研究人怎么记，不研究人记什么；研究人产生什么情绪，不研究人针对何种对象产生这些情绪。前者都是心理过程，后者都是心理内容。

心理过程不是一种，有几百上千种之多。比如，当你阅读时，遇到抽象名词和遇到形象名词，就由两个心理过程分别解读它们。只是在你飞快的阅读中难以把两者分开。至于你在阅读时产生联想，激发情绪反应，那都是不同的心理过程。

成百上千种心理过程，有些彼此很接近，但与其他心理过程非常不同。比如你计算代数题和解几何题的心理过程就很接近，与欣赏音乐时的心理过程差得很远。所以，我们能把某些心理过程归为一类去研究。人类心理过程大致分成四类：认知、动作、情绪和意志。

接下来，我分别用一章篇幅来介绍一大类心理过程。

3 从“心理原子”到“心理分子”

前面介绍了有关“自我中心空间快照”的实验，这就是个心理过程。只要我们在三维世界里活动，这个心理过程就会启动。但我们很少停下来，有意识地确认周围物体和自己的位置关系。甚至我敢打赌，你以前都没察觉到还有这么个心理过程，每时每刻，它都与其他心理过程融合在一起发生作用。

然而，如果我要问你正在做什么，你马上就可以回答——我在读你这本书啊。是的，你在“阅读”，这是个具体活动。在阅读中，你的眼睛从书本上感知信息，你的脑子在思考，你的情绪随着阅读一起一伏。如果这是本小说的话，阅读时情绪的起伏会更加明显。

所有这些心理过程——感知、思维、情绪，它们并不单独存在，而是共同组成“阅读”这个活动。反过来，如果没有这些心理过程做“原子”，“阅读”这个活动也就不存在了。

不光是阅读，看电影、进餐、走路、交谈、游戏……所有这些活动都是由许多种心理过程组成的。

什么叫活动？后面我会详细介绍它。直观地说，刚才你在做什么？目前你在做什么？一会儿你准备做什么？这些都是活动。心理过程是人类心理现象的原子，活动则是人类心理现象的分子。把我们的一生分解成每时每刻，我们都在做一个活动，人生是由无数活动构成的。

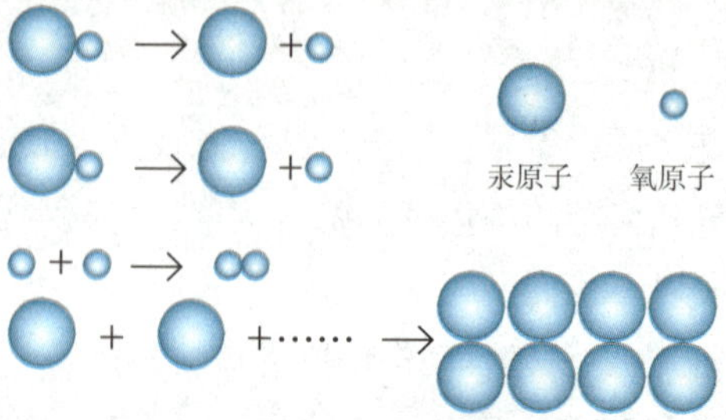

分子和原子的关系

首都师范大学的心理

专家来到北京几所学校，随机抽取48名学生，分别组成16个三人小组。专家给每个组发放同等数量的钱，让他们从中取出一些转交给另外某个组。实验开始时，两组人之间互不接触，每组成员先是单独决定给对方组多少钱，然后三个人讨论，得出共同决定。专家就按决定中的数额把钱转给对方。结果当然是有的组赚进，有的组赔出。

这当然不是个游戏，而是为研究“儿童经济决策行为”所进行的心理学实验。所谓“经济决策行为”，就是人类千百种活动中的一种。心理学家要像医生解剖那样，把这些具体活动拿出来研究它们的规律。

继心理过程之后，活动是心理学家要研究的第二大类对象。接下来，人们还要研究单个活动怎么组成整体活动。每天我们都要做很多事，也就是说，许多活动串联起来构成我们的生活。比如，当一名教师写下评语：“张××与同学的关系处理得不好”，他所指的并不是一件事，而是张××做过的若干次性质类似的活动。

日常生活都是心理学的研究对象

“日久见人心”，单个活动不足以判断一个人，心理学家当然也知道这一点。天津师范大学的心理学家调查过一百多名航空公司飞行员，请他们从警觉意识、问题诊断、风险知觉、反馈调整、考虑他人等各方面对自己进行评估。这一项目研究的最终结果，是总结出飞行员必须具备的27种安全行为！造成一次飞行事故并不需要飞行员犯27种错误，一种错误足矣。但要想安全地飞行，只在某几个方面做得对，那可远远不够，27种正确活动加起来才行。这就是单一活动组成整体活动的例子。整体活动也是心理学家研究的对象。

4 从个体到社会

人都生活在社会里，无论是单个活动，还是一段时间的整体活动，无不受社会环境的影响。所以，心理学家还必须研究社会环境在如何影响个体活动。

第二军医大学的心理学家以572名特种部队战士作为研究对象，他们都接受了四到十二个月的军事训练。我们知道，特种部队训练以残酷著称，战士们要接受日常生活中很少见的恶劣环境挑战。心理专家使用量表、心理作业、血清皮质醇分析等手段研究这些战士，最终发现他们在训练后，认知功能和空间记忆能力有所下降。

顺便说一下，严格训练会导致某些心理能力下降，这并不是积极正面的结论，但它首先是客观的结论，这才叫心理学。科学并不保证得出人们期待的结论。

研究个体活动是心理学的基础。一群人在一起，他们的活动彼此影响，便形成了群体心理现象。比如你在影院里看电影，周围观众或笑或哭，都会影响你的情绪。而在家里单独看电影，你的心情就要平静一些。

心理学中有个分支叫社会心理学，专门研究这些群体的心理现象。比如，他们要分析流言的传播规律。只要在网上泡过一段时间的人，就会发现网络上流传着不少谣言。它们肯定有明确的制造者。但是当你看到它时，不知道已经传了多少“手”。

一个人制造出一条谣言，这是一个单独的活动。谣言在舆论空间里流传开来，这是一群人共同活动的结果。社会心理学家专门把谣言的流传当成研究课题，分析什么样的谣言更容易流传，什么环境下谣言更容易流传，哪些人更容易接受谣言。

一个心理实验室的内景

美国社会心理学家曾经系统研究过一个响当当的谣言——外星人抓人类当实验品！想必这个事情你也听过吧？是的，到目前为止它还是谣言，尚无一例被确认！在美国，据说每天有百十号人跑到警察局，声称自己被外星人劫持过。美国心理学家对如此经久不衰的谣言流传很感兴趣。

心理过程——心理过程组成的个体活动——单个活动组成的连续活动——个体活动组成的群体活动，这就是心理学的研究内容。

这个排序也给你展现了心理学家与众不同的视角——从微观入手，从个体开始。其他人观察社会现象，往往爱从宏观入手，经天纬地，挥斥方猷。心理学家则会想，让我们先看看其中那些个体是怎么活动的吧。

这并不是心理学家眼界狭窄，目光短浅。实际上，无论多么宏大的社会变化，最终都由许多个体活动组成。搞不清个体活动的规律，谁也无法弄清宏大社会变化的真相是什么。

所以，我建议你今后也学着这么思考问题：在一条河流中，一滴水会如何运动？在一个大事件里，某个人又会做什么？

5 从心理到生理

你可能做过这么个游戏：书页上印着一堆杂乱无章的色块，里面藏着某种有意义的图形，一个人，或者一匹马，你要把它找出来。找啊找啊，终于，你找到了这个图形。这时，你的大脑中就会在220~250毫秒之间产生一个电位峰值！

你当然不会感觉到这个电位，但它确实存在。美国布鲁克林医学中心的卢布尔于1991年发现了这个现象，并把它命名为“识别电位”。每当我们辨认出一个有意义的图形，大脑都会出现这个峰值电位。

心理学界专门有群人研究心理过程背后有哪些生理变化，他们叫作生理心理学家。他们主要研究这么几类问题，一是某个心理过程是由神经系统的什么部位来支配？经过一百多年的积累，他们已经可以给人脑画出精细的分工地图——这里司职睡眠，那里司职情绪，什么地方又司职记忆。在电影《钢铁侠3》里面，大反派基连给钢铁侠的助理“小辣椒”实时展示自己的大脑活动，靠的就是这类技术。

二是研究各种生化物质对心理过程的影响。人体内有不少生化物质在神经元之间传递信息，它们分泌得多一点、少一点，都对心理过程产生影响。比如，抑郁症就和血清素减少有关，而甲状腺功能亢进的主要症状，则是病人躁动不安。

人体内能够影响心理活动的生化物质有多少？现在就发现了几千种！把它们研究透彻，足够生理心理学家忙活许多年。

三是研究神经系统和内分泌系统之外，人体其他系统如何影响心理活动。

一提到心理，人们就认为它是脑的活动。其实不然，整个身体都参与心理活动。比如，心理学家研究过颈部折断导致高位截瘫的病人，发

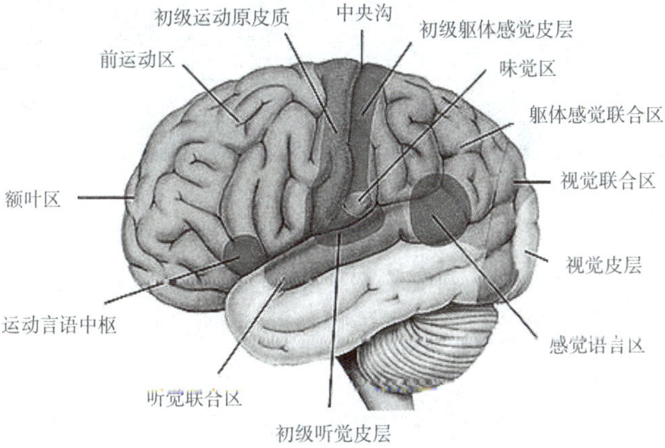

人脑分工图

现他们的情绪趋于冷淡。为什么会这样？因为人类情绪直接取决于呼吸、心跳、血压等生理变化，高位截瘫导致这些生理变化的信息难以传递到大脑。

世上没有凭空出现的心理现象，每个心理过程都有它的生理基础。让我们分析一个常见的现象。在没有网络和电话的时代里，人们总是面对面交流。现在人们喜欢躲在网络背后，用文字和远方的人交流。这两种交流有什么不同吗？生理心理学家通过研究人脑，发现它们确实是两种心理过程。长期使用文字与人交流，将会损害直观交流的能力。

限于科研条件，很多心理现象的生理基础暂时还没搞清，比如精神病的生理原因是什么？答案肯定存在，科学家已经抓到一些线索。但要彻底解开精神病之谜，进而研究出解决办法，还要生理心理学家奋斗不少年。或许，你将来就能在这个领域里有所建树。

尽管生理心理学太专业，看上去就像生理学，但我还要在后面不时加入这类内容。为了让读者对心理现象建立全面了解，必须这样做。

6 现实问题，先调查，后发言

心理学家首先是学者，这是否意味着他们只是待在实验室里，不关注社会问题？并非如此。心理学家同样会关注社会热点，不过他们不能像文人那样嬉笑怒骂，直抒胸臆。对于科学家来说，他们首先要搞清现实问题的真相是什么。

有趣的是，当心理学家就现实问题深入研究后，他们得出的结论往往与流行观点相反。所以，如果我们把这些成果介绍出来，希望你别产生“专家更脑残”的想法。世界的真相不是普通人印象中的那个样子。

一群心理学家来到河南某乡村的三所小学，调查了424名10到17岁的农村学生。其中既有留守儿童，也有非留守儿童，但这次研究的对象是留守儿童，后者用来做对比。

中国农村有大量成年人外出打工，形成几千万“留守儿童”。社会上一般观点是这些孩子缺乏管教，学习成绩不良，在学校里容易违反纪律，在社会上容易犯罪。但是，这群心理学家反复调查的结果却表明，留守儿童在学习成绩方面与非留守儿童并无明显差距，他们的不良行为也没有比非留守儿童更多。当然，有那么多留守儿童，里面肯定会出现青少年犯罪现象，或者产生伤亡事故。但按比例统计，并不比非留守儿童多。

相反，这项专业调查表明，对留守儿童心理发展影响最大的是同伴关系。如果一个孩子在同学中“吃得开”，父母远离造成的影响就不强烈。

心理学和常识不一样，这就是个例子。

许多人提倡勤工俭学，认为学生在外面打工有利于了解社会，并

心理学家要关注很多现实问题

养成节俭习惯。但是美国心理学家的一项研究表明，大部分学生把打工收入用来购买奢侈品，在同伴中间进行攀比，而不是购买生活与学习的必需品。同时，他们仍然从家长那里要钱维持生活。这项研究对勤工俭学的价值提出了质疑。

还有一个更为流行的观点，认为电视上的暴力场面增加了孩子的暴力行为。果真如此吗？由于经常有家长投诉电视台，美国心理学家对该问题进行了长期研究，结果表明电视上暴力场面的增加，并没有导致青少年在现实中暴力行为的增加。

心理学家这样解释电视的影响：如果一个孩子把更多时间用来看电视，跑到社会上惹是生非的时间就减少了。

这些结论很“反常”，但是它们经历过大量调查和检验。所以，某种观点流行并不等于它正确。如果大家都没调查过某个现象，很可能都没有发言权。

当心理学家介入现实问题时，他们会带来许多意想不到，但有可能更正确的答案。欢迎你将来加入这个行列中，为破除各种社会误解做出贡献。

7 幻想中的心理学

上面介绍了现实中的心理学。然而，公众早就通过媒体的错误宣传，还有道听途说，建立起有关心理学的错误印象。比如在一部香港电影里，催眠师可以在任何环境里催眠别人，对方就是全力防备都不行。作为电影，这么拍很好看，但心理学家还没发现这样的牛人。

这些与心理学相差十万八千里的印象，可以称为幻想中的心理学。越是关注心理学的朋友，反而越容易接触到假心理学。所以，我们还得来一番正本清源的工作。

有一种假心理学认为，心理学就是生活常识的总结，大凡有点社会阅历的人就懂心理学，不需要专门学习。人家诸葛亮就没学心理学，照样摆空城计，搞心理战。

很多人把心理学当成了别的东西

把心理学当成生活常识的总结，认为它没有专业性，应该和文学、哲学放到一起。即使在科学圈子里，也有不少人这么看。大约十年前，美国科学界还曾经讨论过要不要把心理学从科学圣殿里开除掉。

这当然是对心理学的误解，任何科学都产生于系统观察，它的基础不再是生活经验本身。像前面介绍的那样，心理学也以一系列实验调查为基础，并非谁活够一把年纪就可以称为“心理学家”。只是，社会上有太多打着“心理学”旗号的图书，它们更像是玄学，或者人生思考。读这些书或许能告诉你一点人生哲理，但和心理学没关系。

另一种假心理学认为心理学家只研究病态人群，主要工作是治病。所以，想了解正常心理现象不用找心理学家，只有奇怪的、异常的、病态的心理现象，才归心理学家管。这种观点来自媒体的猎奇原则：正常的我们都知道，给我讲点不正常的吧。

其实，心理学家主要研究普通人的正常心理。由于深入和系统，心理学家对正常心理的理解远超过一般人。别的不说，没接触过心理学的人，谁能把心理过程划分出几百种呢？

在心理学大家庭里有一门变态心理学，专门研究非正常心理现象。从事这门工作的人主要供职于精神卫生机构。在中国，他们有自己的组织，叫中国心理卫生协会。变态心理学只是几十种心理学分支中的一种，然而由于社会的过度关注，它几乎成了心理学的代名词。这确实很可悲。

中国心理卫生协会主办的杂志

8 浪漫的心理学

还有些人给心理学涂上迷人的浪漫色彩，把它当成精神寄托，甚至一种新哲学。其中一些人认为，心理学是讨论道德伦理的学问。虽然人类历史上产生过许多道德理论，但那都诞生于中世纪，也没挂上“科学”两个字。或许，对于重大伦理道德问题，心理学家能有些高见。

20世纪80年代，天津有位心理医生叫陈仲舜，在媒体上很出名，经常有外地人来问诊。当时我帮他接待来访者，记得有位青年从东北出发，坐一天一夜火车到天津求教于陈老师。这位青年满怀期待挂号进去，没几分钟就跑出来，对我抱怨说，他专程来“寻找人生意义”，不料陈先生只想诊断他有没有心理疾病。

当时我虽然说不出什么，但总觉得不是陈老师有问题，而是这位青年的目标不对。现在如果再有人把“人生意义”这些问题当成心理学来提问，我就会这样回答——如果我靠心理学帮你找到“人生意义”，你觉得付多少钱合适？

科学研究实际现象，解决实际问题。像“人生意义”这样抽象的问题并非科学对象。不仅不是物理、化学的对象，就连看似离“心灵”最近的心理学，也不拿它当研究对象。心理学不是道德学，心理学家也不是道德家。

另一些人认为，心理学家专门解决情感问题。从业时间长的心理咨询师都有这么个经验，新来的咨询者往往顾左右而言他，提出各种问题和咨询师闲聊。建立信任后，他们就话锋一转，告诉咨询师，其实我是想问自己的感情问题！

再看看媒体上的心理节目，十有八九是在讨论个人感情。把它们更名为“情感热线”，可能比叫心理节目更贴切。

感情问题只是心理学中的一个小课题

在各种心理问题中主要关注情感问题，在各种情感问题中主要关注男女感情问题，这几乎是咨询者的一个规律。估计也有很多读者抱着这个目的选择本书。如果真是这样，读到这里你就应该考虑是否再读下去，下面绝大部分篇幅都不讨论这些话题。

和变态心理学一样，情感问题确实是心理学的研究课题，但只有很少一部分心理学家研究它。大部分心理学家不接触这个课题，他们有的参与设计仪器设备，有的帮助研究教学方法，有的从事管理咨询。这些工作往往很严谨，没那么多浪漫色彩，更不能成为你的精神寄托。

还有一种观点认为，心理学主要帮助人们获得精神追求。所以当人们吃不饱穿不暖的时候，就不关注心理学。其实不然，心理学的主要任务是提高人们工作和学习的效率。至于精神需要，似乎更应该从文艺作品、哲学宗教或者休闲娱乐中获得。

1917年，美国准备参加第一次世界大战。政府委托心理学家对新兵进行心理测验，看看哪些战士的心理素质更优秀。心理学家总共测试了1100万人次！这是心理学自创立以后第一次大规模的运用。从那以后，接受心理测验成为美军征兵的惯例。

这和“精神需要”没有任何关系，但心理学家主要就是在做这类事情。

9 这些也不是心理学

有一次，朋友给了我一张票，旁听某位禅学大师讲禅。我对禅学比较有兴趣，也很想听听禅宗人士如何用他们的理论解说心理规律。结果这位大师开讲后，一会儿说："对于这个问题，心理学家认为……"一会儿又说："心理学家的研究证明了……"一堂课下来，提到心理学成果的时间超过讲座的一半。

像这类硬把心理学往自己身上拉扯的做法，在一些搞国学、搞中医的人那里经常发现。他们总显得不自信，非要拿点"科学理论"证明自己的观点。

其实禅也好，儒也好，中医、瑜伽术也好，都是传统文化的优秀成果。它们自成一体，但和现代科学没有什么关系。而且，如果引用了真实的心理学成果，那还没什么，问题是他们总引用道听途说的"伪心理学"。

与"心"有关的学问并非都是心理学

还有人问，特异功能是不是心理学的研究对象？过去一段时期，科学家确实认真地研究过特异功能现象，设计了许多严谨的实验方法，还出现了一门叫"超心理学"的分支学科。不幸的是，一直没有人能够通过这些实验的检验。后来，这类课题就被请出心理学界。

由于谈及"心灵"，一些非科学的东西很容易进入心理学，但由于有严格的实验检验，它们早晚会被淘汰出去。我读大学的时候，教材上介绍了“世界三大教学改革家”。一个是苏联的赞可夫，一个是美国的布鲁纳，今天教材里还要提及他们的成果。

还有一个保加利亚人叫洛扎诺夫，当年比这两位都神奇。据说他将催眠术引入教学，可以把学习效率提高几十倍！当时我就想，不要说几十倍，就是提高几倍，也能让孩子一年读完小学，一年读完中学。这么神奇的方法，中国怎么不立刻引进？保加利亚也没因此出现一大批诺贝尔奖获得者啊！

如今的专业教材早就不记载这项红极一时的“教育心理学成果”。所以，对于各种神奇现象，你可以大胆假设，但要小心论证，这才是科学，心理学也不例外。

在一些书店里，讲心理的书常和讲命理、星相的书放在一起。这很容易让人以为心理学是一种算命术。不光今天如此，心理学图书在大众眼里几乎一向都是这个地位。1899年，弗洛伊德把自己对梦的研究写成学术专著，起了个复杂的学术名称。书商大笔一挥，改成《梦的解析》，放在一堆解梦的书里卖。结果一年下来才卖出三百多本。书商大惑不解去问弗氏：别人解梦的书卖得很火，你这本怎么不行呢？直到今天，在不少书店里，《梦的解析》依然和《周公解梦》之类的书摆在一起。

《梦的解析》

虽然看起来很像，但心理学不是预测学，不是“科学算命术”。至少，千万别在这本书下面的内容里寻找有关命运的答案。

好吧，心理学不是这个，也不是那个。读完上面的内容，可能大部分读者都发现，自己的阅读动机和心理学无关。但我不会因此失望，我希望大家这样想——如果心理学中并没有你期待的那些东西，那它究竟在讲什么呢？

且听下文分解。

二 认知，从外到内的心理过程

1 人体就是探测仪

你走在户外，有人从背后喊你。如果距离不太远的话，你能听出他是在你的左后侧，还是右后侧。这是怎么做到的？原来，声波从他的口中分别传递到你的两耳，会有个微小的时间差，这个时间差有多小呢？声音在空气中每秒传递340米，你两耳的间距不会超过20厘米，也就是说，这个时间差不会大于0.00059秒。你的耳朵能记录这个细如毫发的差异，你的脑子则据此做出判断。

这种仪器发现人类有十分灵敏的听觉

人体是个封闭系统，只有吸收信息才能开始运转。这就涉及一类重要的心理过程——认。拜亿万年进化所赐，人类的认知能力十分精细。到现在为止，我们发明的探测工具能超越眼睛、耳朵，书本和计算机也比人贮存的信息更大，更准确。但我们远远不能把所有这些工具塞进人体那么大的空间里，并产生人那么敏锐的认知能力。

所以，我们每人都相当于带着一台高灵敏度的综合探测仪在到处活动。认识它，好好地利用它，这就是本章的内容。

“认知”这个词，可以把它理解为“认”和“知”两部分。“认”是指辨认，吸收外部信息，并把它们汇集到脑部。“知”则是对这些信息进行加工整理。

具体来说，认又包括感觉和知觉两个过程。感觉是吸收外部信息的过程。为了接受各种信息，人类生长出特定的感受器，每种主要吸收一类信号。比如眼睛只用来接受光信息，对声波毫无反应。半规管则主要感受平衡状态，对其他信息无动于衷。

其次是知觉，各种信号通过神经汇入脑部，人脑会对这些信号进行初步整理，将它们作为一个整体来接受。比如，人们常说好的菜肴应该“色、香、味”俱全。但当我们看到一盘菜时，并不会把它们体验成一些颜色加一些形状加一些气味，我们一下子就把它当成整体来认知。

接下来，我们会将感性信息加工成观念，即语言和符号，然后对观念化的信息进行思考，做出判断，这就是“知”的过程。比如，你告诉别人“我家门口有棵树”，这就是一串语言符号。对方脑子里会浮现出一棵树的形象，但如果他并没有亲眼看到你家门口的那棵树，他所产生的想象肯定和真实情况不同。

世界上没有相同的两棵树、两朵花、两滴水，但“树”“花”“水滴”这些字却是相同的。没有这些形状相同、意义也相同的文字符号，人类就无法交流彼此的认知成果。

把感性信息变成语言符号，我们才能用它进行逻辑思维，从杂乱的信息中理出规律，进行推测，这是人比动物高明的地方。

最后，所有这些认知成果，感性的也好，观念的也好，都需要妥善保存，以备日后使用，这个过程就是记忆。

直到现在，人类尚未设计出超过人脑的电脑。所以，研究人类如何完成这些复杂的认知过程，仍然是心理学中让人着迷的重要课题。

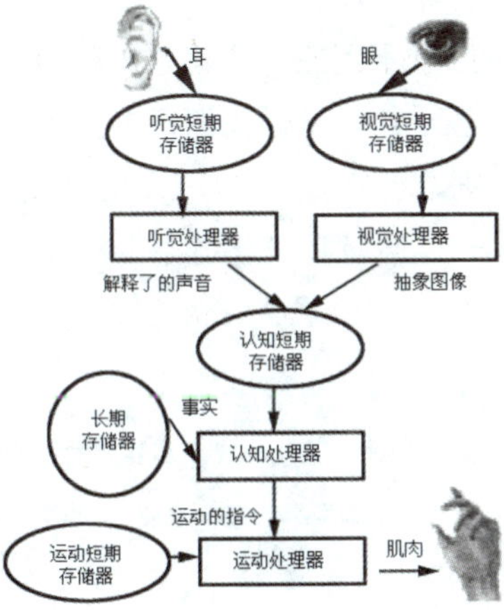

认知过程

2 向外界探索

人体有多种感受外界信息的生理机制，心理学上把它们叫作“感受器”。人体有许多种感受器，相当一部分用来接受外界信息，它们获得的感觉也叫外部感觉。

作为进化链条上的最终成果，人类拥有各种动物的感受器，先让我们从最原始的一种说起——触觉感受器。没有眼睛和耳朵的低等生物，只能靠触觉感受外界信息。

当然，这种功能人类也保留了下来，触觉感受器遍布人体皮肤表面各处。只是有的地方密集，比如掌心；有的地方稀疏，比如后背。如果你闭上眼睛，有人在你掌心写个字，你多半能辨认出来。如果在后背上写字，那就很难分辨了。

皮肤上还有一些感受器专门感觉温度。闭上眼睛，请朋友用针尖在你手背皮肤上慢慢划过。在某几个点上你会感觉到非常凉，其他地方就感觉不到凉，这就是皮肤的“冷点”。同理，皮肤上还有“温点”用来感觉热。平时我们很少接触针尖这样面积极小的物体，所以你感觉冷热时总觉得是“一片”，其实是一个个点。

味觉在进化链条上高级一些，溶解于水或唾液中的物质作用于舌面和口腔黏膜上的味觉细胞，从而产生味觉。早年，心理学家只确认了四种基本味觉——酸、甜、苦、咸，后来鲜味也被列入基本味觉。其他味道比如涩味，是由这些基本味觉混合出来的。但辣味除外，它不是味觉，而是鼻腔和口腔黏膜受刺激产生的痛觉。

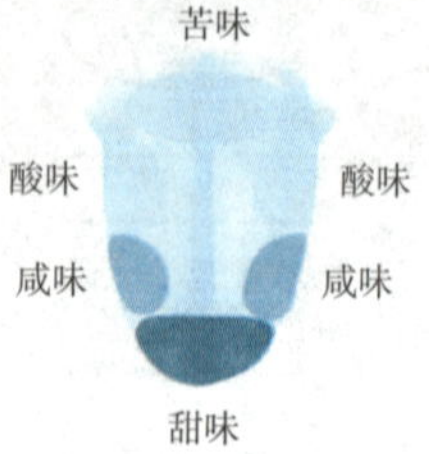

味蕾在舌的表现分布不均

不同味蕾细胞感受不同味道，它们在舌面上的分布也不同。感受甜味的味蕾主要集中在舌尖，感受咸味的味蕾分布在舌两侧的前半部，后半部由司职酸味的味蕾占据，苦味主要由舌根的味蕾去感受。

有趣的是，各种味蕾并非一次发育完善，而是按从舌尖到舌根的顺序慢慢成熟。所以婴幼儿喜欢甜，长大一点才能感觉到苦，这和人生的顺序多么相似啊。

嗅觉在进化链条上更为高端，它可以感受到没有接触身体的事物，大大扩展“侦查”范围。空气中一些物质接触到鼻腔上部两侧黏膜中的嗅细胞，就会产生嗅觉。和味觉一样，也存在着几种基本嗅觉——香、酸、焦、臭。它们以不同比例混合起来，形成了千奇百怪的气味。

听觉就更为高端了。声波传进外耳后引起鼓膜振动，最终触动耳蜗内的感觉细胞，形成听觉。我们听到的声音由三个成分组成：音调高低——由声波的振动频率决定，声音强弱——由声波振幅决定，音色——由声波的波形决定。

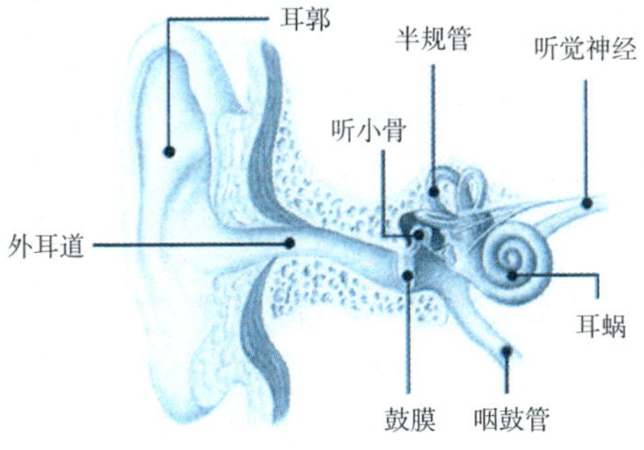

耳朵的结构

据说达尔文研究进化论时曾经发过感慨，人类其他器官都可以由进化来解释，但眼睛太复杂了，难以想象它不是专门设计出来的。是的，如果你学过生理卫生课，就知道眼睛的结构实在太复杂，而且它也是最有用的感觉器官。80%的外界信息由眼睛带给我们，其他感官都起辅助作用。

可见光波被瞳孔聚焦后，刺激视网膜上的视锥细胞和视杆细胞，就形成了视觉。它也有几个基本颜色——红、绿、蓝，它们分别由三种感觉细胞接受，并混合成色彩斑斓的世界。当然，人眼不能感知红外线、紫外线。不过这也不遗憾，可见光波段中包含的信息远超过其他波段。

3 黑暗感觉

听觉的感官是耳？正确！耳是听觉的感官？错误！

这是心理教师经常迷惑学生的一道题。事实上，耳朵不光司职听觉，它的内耳部位还能感受身体的平衡，是平衡觉感受器。

人要生存在世界上，除了感受外界信息，还要感受来自体内的信息，这些感觉叫作本体感觉。因为这些感觉指向内部，通常很模糊，缺乏明确的位置感，心理学界还有个生动的词，称它们为“黑暗感觉”。

本体感觉主要包括三种。首先是机体觉，又称内脏觉，它接受各种内脏的信息，以感受它们的状态。饥、渴、饱、胀、恶心、内脏疼痛等都属于内脏感觉。在内脏正常工作时，内脏感觉往往不灵敏，甚至觉察不到。但如果内脏出现病变，内脏觉就会向我们报警。

其次就是前面提到的平衡觉，又称静觉，反映自身身体的位置。晕车就是平衡觉出现的问题。我们很少失去平衡，所以会忽视平衡觉的存

我们很少注意到平衡觉，但它时时在起作用

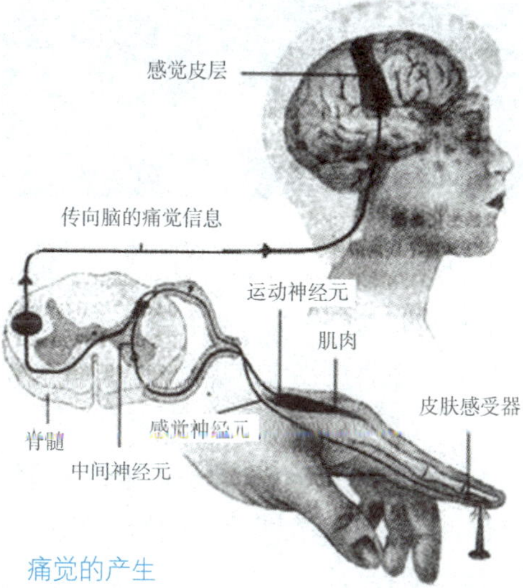

痛觉的产生

在。站在原地连续转体，过一会儿你就觉察到它了。一些重要的岗位如宇航员和飞行员，尤其强调平衡觉训练。

再次是动觉，又称运动觉，它用来感受身体各部位的运动状态，通过肌肉、筋腱、韧带和关节等处的感受器来形成。

这些基础的本体感觉能混合成复杂的内感觉，比如麻刺感、蚁走感、酸胀感等等。用外力把血管压迫再放松，你就会在那个部位产生麻刺感，这是血液高速通过时刺激血管壁的感觉。

既然内感觉是对体内情况的感觉，痛觉是否应该包括进来？恰恰不能！虽然痛觉比平衡觉、运动觉这些内感觉清晰得多，经常找我们的麻烦，但心理学家至今没找到痛觉感受器。任何基础的心理过程必定有相应的生理机制，所以痛觉不是独立的感觉，而是各种内感觉的混合。

正是由于痛觉并不单纯，不同人对相同刺激产生的痛感差别很大，比如有人就是怕打针，连输液都不敢，而格斗运动员则比一般人更不怕疼。但如果把一块冰贴到皮肤上，所有人都会感觉到寒冷。所以，痛觉是中枢神经对各种内部刺激综合加工的结果，不是单独的感觉。

4 “世界”成于脑中？

如果你看过科幻片《黑客帝国》，就容易理解本节的内容。在这部电影里，计算机“母体”把人类婴儿囚禁起来哺养。这些人从小就没使用过自己的感官，不接触真实世界，但他们仍然认为自己生活在真实世界里。

原来，各种信息由“母体”制造出来，通过线路直接输入人的神经系统，在脑部形成关于真实世界的幻影。影片里有个角色叉起一块牛排，说了句很经典的台词：“这块牛排味美，多汁，可它并不存在！”

前面提到的感觉，是将外部信息吸收进我们身体的心理过程。但是我们并非孤立地感受这些信息，世界不是一片光，一些影，一堆声音，一团气味。在我们清醒状态下的每时每刻，世界都以一个整体形象呈现在我们面前。零散的信息肯定被加工过，这个加工过程就是知觉。

我们把一堆线条和颜色感受成一个物体，这叫视知觉。把一堆声音感受成一首乐曲，这是听知觉。更多的时候，视、听、嗅、触等多种感觉加起来构成一个整体。比如我们品尝一道菜，外观属于视觉、香气属于嗅觉、味道属于味觉、酥脆绵软这些属于动觉。它们共同构成了我们对菜肴的知觉。

所有知觉都有一些共同特点，首先是恒常性，物体发出的信息在一定程度内改变时，我们在心理上并不觉得它有变化。比如一个人从门口走到你桌子前，他在你视网膜上留下的形象会增高一倍，但你并没有这种感受。你的脑子对他的图像做了自动调节。把物体从亮处放到暗处，如果用相机拍摄的话，颜色会相差很多，但用肉眼去看却没有这么大的差异。

所有知觉都具有选择性，我们注意到的对象会更鲜明，其他对象则

知觉会把零散的外部信息加工成整体

模糊为背景。当你去车站接人的时候，你会更关注与目标接近的人，其他乘客只是黑压压一群。每一刻都有海量信息进入感官，如果没有选择性，我们的大脑就会瘫痪。

所有知觉都会产生后效。当一个刺激消失后，它会在脑中留下印迹，干扰你对后一个刺激的知觉。当你注视一个亮点后，把视线转向其他物体，这个亮点会在眼前存在一段时间。这就是典型的后效。

小学《科学》曾介绍过一个实验，便是用来验证后效现象的。在面前摆放冷、温、热三盆水，把左手放入冷水盆，右手放入热水盆。过一会儿后，再把它们同时放入温水盆，左手会感到热，右手会感到冷。

知觉是对外部信息的“粗加工”，所以经常会产生错觉。比如你走在路上，似乎听到手机铃声，打开后却发现手机没接到任何信息。在公共场所认错人，也是我们常有的经历。

既然知觉是脑对信息的加工，那么就会存在这样一种情况：感官没有问题，但脑子受到伤害，对外部世界的觉察就会变得模糊，这叫知觉障碍。过量饮酒、头部受到重击、发高烧，都会导致知觉障碍。而这个时候，你的眼、耳、鼻、舌这些器官并没有出现问题。

5 符号：一个平行世界

如果一个人生活几十年，那么他接受的信息肯定远远超过小孩子，但我们最多会觉得他有经验，而不一定认为他有知识。如果一个人被称为有知识，必须读大量的书才行。而书里面印着什么呢？符号！

从儿童时期的启蒙读物开始，一个符号世界就呈现在我们面前。它不同于真实世界本身，但又时时刻刻存在于我们周围，构成了一个平行的世界。

心理学所指的符号是被人为赋予意义的图像和声音。它不仅包括文字，还包括数字、数学符号、科学符号、企业LOGO等等，甚至国旗、国徽也是符号。假设一个外星人空降地球，看到一面五星红旗，他并不知道它意味着什么，但我们却知道这是中国的标志，“五星红旗”代表中国，这是人为规定的。这样的图案在心理学上也算作符号。

声音也是一样，字、词、句的读音都是符号。其他如电视台的节目开始曲、战场上的冲锋号、集结号也都是符号。

符号本身只是一堆信息组合，并没有意义，被人为赋予某种意义。所以，人们需要通过专门训练来理解符号所代表的意义。大家进入学校学习，不管是学语文还是学数学，所有教学内容都是在让你理解更多符号的意义。

正因为符号意义是人为规定的，长期不使用的符号，其意义也就模糊起来。人们常把读不懂的文字叫“天书”，其实天书是中国古代宗教家使用的秘密文字，他们能读懂，一般人就读不懂。江湖黑话也是符号，内部人能读懂，其他人不知道它们的含义。

能够使用符号交流，是人类与动物的一个本质区别。符号对于人类文明的进步作用巨大。它将一个人的直观经验凝固下来，传递给其他人。除非将来有一天能把不同人的脑子串联起来，否则无论我们听到什么，看到什么，只能通过符号讲给他人。

人们将大量符号连接起来，产生复杂意义，就形成了知识。在这里，大家需要分清“知识”和“科学”两个概念，科学是知识的一种，但有许多知识和科学无关。比如宗教仪式、民间婚丧嫁娶仪式、会议开幕式程序等等，都会形成一套复杂的符号系统，但它们和科学没有关系。

今天，我们生活在符号包围的世界上

通过感觉、知觉获得的直观信息杂乱无章，更缺乏意义感。知识则让世界显得有秩序、有系统、有脉络，让它变得可以理解。知识中正确的部分能加深我们对世界的认识。动物和人类一起感受大自然，像狗的嗅觉、鹰的视觉都超过了人。但由于没有符号加工能力，它们不会拥有超越直观的信息，不能发现自然规律，预测事物变化。

另一方面，迷信、伪科学也都是符号的连接，都是知识体系。但是这部分知识多了，会干扰我们对世界的正确认识。

即使只接触正确的知识，如果使用得过多过滥也会有很大副作用。当我们读书的时候，需要把符号还原为感性形象才能理解。但如果天天守在书堆里，缺乏机会去接受直观信息，我们对世界的理解就会越来越抽象、干瘪、乏味。

6 从“联想”到“思维”

联想公司有句著名的广告语：“人类失去联想，世界将会怎样？”这里面的“联想”是个双关语。如果它是指计算机品牌的话，我们不作评说；如果它是指一种心理过程的话，那确实太重要了，因为思维的本质就是联想。

人在脑子里从一个事物联系到另一个事物的过程，叫作联想。有时候联想的内容是形象，比如从一个人想到另一个人，从一首歌想到另一首歌。有时候联想的对象是符号，比如从“苹果”联想到“梨”。

有时候图像也可以与文字联想到一起。中国古代文人把竹子当成知识分子有“气节”的象征，因为竹节里也包着空气。这两者本来没有关系，如果换另外一种语言，“竹节”和“精神操守”之间的读音会差十万八千里。这就是符号——图形联想的例子。

很多时候联想是无意义的、自由的。我们都有上课走神，“浮想联翩”的体验，在睡觉前，脑子也不能立刻安静下来，从一件事转到另一件事。梦是最典型的自由联想，梦到的东西你基本都经历过、见识过，但梦本身却荒诞不经。

走神、做梦这些不受控制的现象一直迷惑着人类。古人所谓“神魔附体”“天启”，现代有人怀疑自己被“脑电控制”“思维控制”，都是对自由联想过程的误解。其实，联想过程本身就是自发的，是意志将它们强行控制起来。以后我们会讲到意志对联想的作用。

无论图形联想还是符号联想，都符合三个规律。

一是接近律，从一个对象联想到相似的对象，比如从“汽车”联想到“摩托车”，从“范冰冰”联想到“李冰冰”。

二是对比律，从一个对象联想到完全相反的对象，比如从“黑”联想到“白”，从“天”联想到“地”。

三是因果律，比如口渴时联想到水和玻璃杯，从当空烈日联想到干涸的河床。

联想是自然形成的心理过程，并不是学校教育的结果。即使是文盲，也都会按照接近律、对比律和因果律进行联想。因为在客观世界里，相似、相反或者有因果关系的事物本身就经常在一起出现。

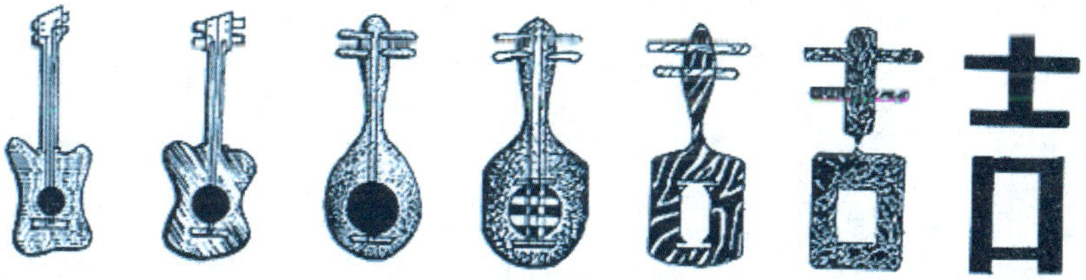

生活中到处都充满联想

但是，仅凭联想并不一定能得出正确的结论，比如某国王遭遇一场雷雨，然后又发生政变。本来两件事没有关系，但因为时间“接近”，他就会把两者联系到一起，认为这是神通过暴雨警告自己。

所以，人类为了从联想中得到更多正确结论，设计出很多思维规则。形式逻辑、数理逻辑，科学理论，都在让联想更为规则化、客观化。但是无论怎样复杂的思维，它最初形成时仍然只是一团联想。

同学们在考试后习惯凑在一起，回忆解题过程。这时候，你会把自己当时的思维说得头头是道，条理清楚。但你认真回忆就会发现，这并不是你答卷时真实的心理过程，是你在回忆时把它们加工了。当你面对考题时，脑子里出现的都是闪动的、零乱的符号。答案就在它们中间“啪”地出现了。

7 精神平衡与世界真相

“小张是个性情温和的同学。”

“刚才小张在操场上和别人打了一架！”

……

这是两段文字叙述，如果它们同时存在于一个人脑子里，就会发生冲突，进而对人造成压力。让两段叙述协调起来，要么修改对小张的印象，承认他有脾气暴躁的一面；要么否认事实，推测是小张受到侵犯，不得不回击；要么把两段叙述加以中和——小张确实性情温和，但“兔子急了还能蹬鹰”呢。

兔子蹬鹰

当我们脑子里存在无数观念时，它们之间会经常发生冲突。纯粹的观念冲突就能构成心理压力，促使我们去进行心理平衡。1957年，美国心理学家费斯汀格最先研究这种现象时，并总结出“认知失调理论”。

费斯汀格认为，人有保持内心世界不冲突的倾向，但我们每天接受大量信息，它们之间不可能无冲突，这样就会发生认知失调。尤其是与自己行为有关的信息失调最严重，比如一个爱抽烟的人，要面对“吸烟有害健康”这样的信息，他就必须解决其中的失调。所以，我们便经常听吸烟者给自己找理由，如“吸烟显得有男子气概”，或者“少抽点没关系”等等。

认知失调会让人感觉不愉快，产生恢复平衡的动力。但认知失调本身是个中性现象，我们如何恢复这种失调，决定了它起到好作用，还是产生坏影响。

费斯汀格发现了认知失调规律

好的方面，人类科学知识的发展主要由认知失调这个根本动力来促成。正是由于新信息与旧知识相矛盾，科学家们才会深入研究。如果一个科学家脑子里全部信息都协调了，他也就什么都不做了。

现在经常有人说：某个现象太神奇了，科学家们都解释不了。其实，科学家们要面对更多解释不了的信息，远比普通人接触得多。甚至越是有学问的人，越发现很多知识之间有矛盾，而这正是他们前进的动力。

坏的方面，人们之所以爱听正面评价，不爱听负面评价，也是认知失调规律的结果。正面评价与“我是个不错的人”这种判断相融洽，更容易接受，反之亦然。

很多时候，人们为坚持一个信念而不惜怀疑与它矛盾的事实，这也是认知失调的负面结果。比如“粉丝”崇拜一个明星，就不愿意听到有关他的任何负面消息。

那么，如何面对认知失调呢？首先要学会承受认知失调带来的压力，不要盲目追求自圆其说。如果想马上摆脱认知失调，你很可能草率地接受错误信息。很多科学家带着思维矛盾生活了一辈子，比如爱因斯坦直到去世，都没把自然界的四种力统一起来。但他不会为了暂时的心理平衡，随便搞出个公式来骗自己。

其次，如果相互矛盾的信息中有一方涉及客观事实，那么以尊重事实为上。就像本节开头的例子，小张到底和别人打没打架，这个事实最关键，不能为了维护“小张性情温和”这个观念，否认他打架的事实。

8 世上人人都无知

高中生进入大学，往往会这样想："我可轻松多啦!"大学里虽然也考试，不过严格程度无法和高考相比。在这种环境下，好多学生一下子放松自己，抱着混日子的心态来学习，其中不乏在高中阶段拼命苦读的人。当然，大学里也有不少从食堂出来直奔图书馆抢座位的学生，他们还保持着旺盛的求知欲。

在这里，我们可以清楚地看到两种不同的学习动机，它们涉及有关知识的两个心理概念——"绝对无知"和"相对无知"。如果把全人类积累起来的所有知识算成一个整体，随便哪个人的知识贮备与它相比较都可以忽略不计。即便你是两院院士、诺贝尔奖获得者，在这个巨大无比的知识库面前，和文盲差不了多少。

一些人会因此感觉到自己的渺小，并产生强烈的求知欲。没有任何功利目的，纯粹是对知识有兴趣。这些人越学习，想知道的东西就越多。

历史上许多哲人都有过"绝对无知"的体验。庄子说过"吾生也有涯，而知也无涯"，就是对绝对无知的最好总结。只不过，他从这种对比中得出求知无意义的结论，认为"以有涯随无涯，殆已"。

欧洲中世纪哲人库萨的尼古拉也提出过类似概念——"有学识的无知"，意思是说，真正有学问的人，是那些明白自己在知识上有所不足的人。牛顿形容说，自己只是沙滩上捡贝壳的孩子，对于面前的知识海洋还全无了解。他这种谦逊绝不是做出来的，是出于对"绝对无知"的敬畏。

即使世界首富拥有的金钱，与全世界所有财富相比，也是九牛一毛。不过，很多人希望拥有天下所有的钱，但很少有人渴望吞下所有

每个人的知识都有限

的知识。大部分人只是在相对无知的压力下才开始学习，所谓相对无知，即自己所拥有的知识不能解决眼前的问题。如果在升学、就业这些具体目标上所需要的知识有所不足，这个人就会拼命苦读。一旦过关，学习积极性就会锐减。

不少学生都爱问老师一个问题，您讲的这些内容将来考不考？不考？那听听就算了。这就是相对无知在起作用。

在这里专门表扬一下喜欢心理学的高中生。这门学科不在高考范围内，想了解心理学知识的学生，纯粹是因为追求知识，要弥补自己的不足。

相对无知的感觉也有它的意义，可以保证学以致用。笔者认识一些人，因为产生纠纷要打官司，不断查阅相关法律文件。几场官司下来，这些人成了法律通，还能帮助遇到同样问题的人打官司。

现实中，一个人会拿自己的知识水平和周围的人比较，也会产生相对无知的感觉。比如一个学生考了全班中下游的名次，就会感觉知识不够，要努力学习。其实，就是他考了全班第一，他又能拥有多少知识呢？

可惜，以绝对无知为学习动机的人，在生活中并不多见。而把自己的学习停止在学校毕业那天的人，实在是太多了。

9 “记”和“忘”都有用

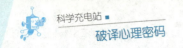

吸收的信息经过加工，总要被保存，才能在今后对我们的工作和生活有帮助。这个保存信息的心理过程就是记忆。

在日常生活里，人们通常说的记忆，既指有意识的记忆过程，也指被记住的东西。前面说过，心理学主要研究心理过程，因此主要研究你是怎么记的，不研究你记住了什么。

记忆过程分这么几个阶段，首先是“识记”，就是认识和记住某个对象。老师今天讲了几个新单词，你在那里背诵，这就是识记过程。

接下来，这个对象进入你的记忆系统，存在那里，这叫存贮。当你有需要时，在脑子里回想这个单词，这叫再现。如果你在书本上碰到这个单词，把它读出来，这叫再认。

相对来说，再认比再现容易得多。你可能没记清这个单词的全部字母，但你再次看到它就能认出来。如果要默写这个单词，很有可能会写错。

从识记到再现或者再认之间，脑子里发生了什么？这个漫长过程是无意识的，用计算机术语来形容，它在你脑子的“后台”中完成。所以，心理学家也只有间接地研究它。目前，有价值的成果还不多。

按照时间的长短，记忆分为瞬间记忆、短期记忆和长期记忆三种。瞬间记忆就是各种信息在你脑子里留下的即时印象，能维持约1秒。短期记忆大约能维持20秒到1分钟。比如别人告诉你一个号码，如果你不主动去背诵，1分钟以后基本就会忘掉。长期记忆的时间则是从1分钟到无限遥远。

这三种记忆不光维持的时间长短不同，所起到的作用也不同。瞬间记忆相当于光标位置上的一次操作。当光标移到下一个位置，它就成为“过去时”。短期记忆相当于保持在“内存”中的内容，如果操作后没点“保存”，它就消失了。长期记忆则相当于硬盘上的内容。

“唉，人要是什么都不遗忘该多好啊！”

当你背不下来英语单词、记不住数学公式时，肯定会发出这样的感慨。不过遗忘和记忆一样，都是有用的心理过程。当你需要机械记忆时，总会觉得遗忘是件坏事。但如果你从懂事起到现在什么信息都不忘，脑子岂不要炸开？

遗忘有几种积极意义，首先是放弃旧信息，为加工新信息提供方便。其次，遗忘可以淡化过去的伤害性记忆。不乏有人提这样的问题：我怎么才能把那件倒霉的事忘掉？第三，由于信息遗忘的数量一般随时间延长而增加，遗忘可以帮助我们形成顺序感知，即哪件事在前，哪件事在后的主观印象。

实际上，生活里人们反感遗忘现象，主要是反感对近期事件的遗忘。比如想不起重要文件放在哪里，想不起昨天老师布置的作业。至于远期事件和今天的生活没有关系的陈谷子烂芝麻，我们并不在乎它们被忘掉。

如果没有遗忘，我们就会变成这样

10 人人都在写“自传”

“唉，我这一辈子啊……”

许多人都喜欢说这句话，年龄从二十出头的青年直到耄耋老人。最初心理学家主要研究对具体对象的记忆：一堆无意义的字母、数字、图片等等。但在生活中，我们除了记忆这些零碎信息外，还要记忆过去发生的事情，甚至记忆一大段人生经历。这里面既有鲜活的形象，也有文字符号，更有对事件顺序的记忆。

后来，心理学家就给这种记忆起了个名字，叫“自传体记忆”，是指对个人复杂生活事件的混合记忆。由于生活中人们主要是在记忆“事件”，而不是记忆“对象”，“自传体记忆”的概念更贴近现实，也为越来越多的心理学家所重视。

自传体记忆与对具体对象的记忆有个明显差别，就是与对该事件的自我体验混在一起。一个单词怎么拼，所有学生都会记成一个样子。但对于一场足球赛的过程，胜者一方球迷和输球一方球迷的记忆就非常不同。比如，输球一方的球迷总会记住裁判的误判，而赢球一方则会忽略不计。下次再有体育比赛，建议你在网络新闻评论栏里观察两队球迷的讨论，看看他们是怎样产生选择性记忆的。

生活中的事件往往有许多人参与，不同参与者回忆同一事件时，有人认为它很愉快，有的印象平平，有的还会留下痛苦印象。年轻人在恋爱过程中最能体验这种记忆的选择性。热恋中更多记得对方的好处，失恋后更多记起对方的缺点。

事件过程只有一个，但每个参与者的记忆都有不同。看到这里，你应该能总结出一条经验：如果想了解你并没有接触过的事件，千万别听一面之词。即使叙述者没有故意欺骗，他们的记忆本身也有选择。

喜欢看警匪片的人都知道，警察审案时会用一种叫“排队认人”的方法。他们把犯罪嫌疑人和其他几个人排成队，请目击证人辨认。这个程序用了许久，直到1994年，美国学者威尔斯从心理学角度指出“排队认人”存在重大缺陷。当目击证人被带去做辨认时，他会觉得里面肯定有个人是罪犯。如果记不清，就倾向于指认一个比较接近的人。有时候警察抓错了人，但目击证人仍然会从这排人里指认一个出来。

每个人都在回忆过去

这个例子说明，当前认识会影响对过去的回忆。这也是自传体记忆的重要规律。一件已经发生过的事情，在不同人生阶段会有不同的回忆。比如一个人少时贫困，艰苦求学。如果这个人成年后事业不顺利，他就会很痛苦地回忆这段经历，认为社会对自己从小就不公平。如果他在事业上飞黄腾达，则会轻松地回忆这段经历，认为那只是对自己的磨炼。

美国心理学家罗宾在研究中老年人自传体记忆时发现了一个有趣的现象。他们对早年的事件记忆不清，事情发生得越早，记得越少。但对于19岁左右的事情却能记起很多。后来，不同国家的心理学家都发现了这个现象。它被称为“怀旧上涨”。

人一生中很多重大事件如婚姻、就业，很少发生在19岁左右，为什么这个阶段的记忆更清楚呢？到目前为止，心理学家还没得到确定答案，其中一个猜测是，人们大多在这段时间里建立起自我意识——我是谁、我要做什么，我该怎么生活，“怀旧上涨”与自我意识的建立有关。

三　动作，从内到外的心理过程

1 一举一动有深意

商纣王凶狠残暴……

诸葛亮足智多谋……

关云长忠心耿耿……

人们习惯用这些词汇谈论人物。然而，“凶狠残暴”“足智多谋”“忠心耿耿”都是指什么呢？能把它们拿出来称一称？化验化验，或者用视频拍下来吗？显然都不能。

当然，不能直接观察的对象不止是这些。物理学上的“力”就看不见摸不到，但我们可以通过物体运动方式的变化间接测出“力”的存在。“温度”我们也看不见，我们通过水银柱的高低变化，间接测量出温度来。

然而上面说的那些概念，直接也好，间接也罢，你都无法测量。科学有个基本原则，任何情况下都不能观察和计量的东西，就不算科学研究的对象。所以，心理学家自然也不用这些概念来研究人。

那么，他们是从哪里入手观察别人呢？动作！这个对象不光可以间接研究，也可以直接记录。特别是如今影像技术飞速普及，在各种场所拍下人们的动作并不费力。

动作是指由骨骼肌和平滑肌完成的，全身或身体某一部位的运动。这也算基本心理过程？没接触心理学的人肯定很纳闷。其实，早期心理学家也没把动作当成研究对象，他们只研究内心活动。后来，美国人华生提出“行为主义”，坚持只研究能客观记录的动作。

心理学界最后完成了折中——动作成为心理学的基础内容，但心理学也要研究认知、情绪和意志这些过程。

美国人华生

动作研究在心理学中具有很基础的价值。你在脑子里无论想什么，如果没有用任何动作加以表达，这个想法对他人来说就不存在。如果说认知让我们从外界吸收信息，动作则把我们内心产生的信息表现出来，进而影响他人和环境。

举手投足，行走坐卧，这些都是动作。但“动”这个字容易产生误解，以为只有动起来才是动作，其实，努力让身体保持某个静止姿势也算动作。同学们军训时要“站军姿”，保持这个姿势一动不动。这个时候是不动更难，还是动起来更难？

动作不一定能被别人看到，有可能发生在身体内部。人在讲话时，舌头在口腔里的位置就不停变化，这就是外人看不到的动作。

反过来，并非任何能看到的身体变化都是动作。老师让某个学生上台发言，而他不好意思当众讲话。他会低下头回避听众的视线，会不停地挠头发，说出话来可能结结巴巴，这些都是动作。同时，他的脸上会出现潮红色，这就不是动作，而是血液涌向皮肤表层的结果。

动作

动作也不一定有意识、可控制，有些动作来自先天的无条件反射。比如你贴在某人眼前，向他眼眶吹气，他会不自觉地眨眼睛。医生给病人进行身体检查，会用小锤敲他膝盖下面的部位，他的小腿会不自觉地迅速抬起。这些都是无条件反射。平时我们打喷嚏、流眼泪、咳嗽，都不是自觉的，但也是动作。

2 身体与动作

如果我们是羚羊，遇到麻烦我们就会迅猛奔跑。如果我们是雄鹰，就会飞翔在天空，用敏锐的目光搜索千米外的猎物。可惜我们只是人，所以只能用人类的身体完成各种动作。

这个道理一目了然，但它揭示出一个重要原则：动作和身体结构密切相关。所以，要研究动作必须先了解人体结构。

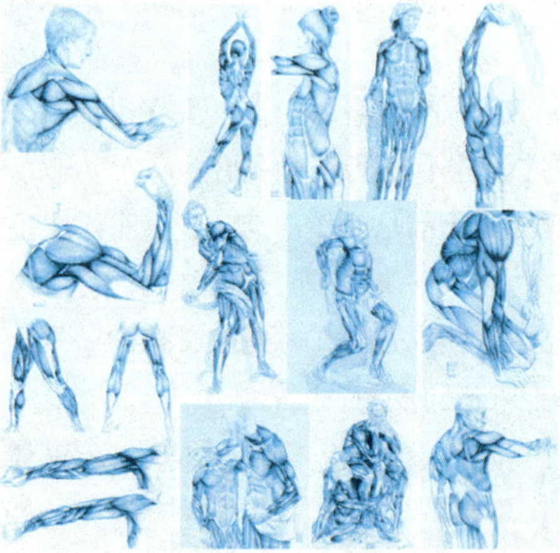

动作与肌肉的关系

动作按照所使用的肌肉群划分，可分成大肌肉群动作和小肌肉群动作。前者又称为粗动作，后者称为精细动作。

大肌肉群动作包括卧、坐、站、走、跑、跳等。一望而知，它们需要全身上下许多块肌肉合作才能完成，一只手、一只脚无法做这些动作。大肌肉群动作让我们保持一定姿势，这在工作和学习中相当重要。比如上课时，你要让自己维持端正的坐姿，这就是一个大肌肉群动作。

小肌肉群动作是用局部肌肉群协同完成的动作。假设一个人被五花大绑，完成不了任何粗动作，但他还能说话，这就是由喉部、口腔内部和腮部小肌肉群完成的动作。通过气息的吞吐、口型的变化和舌头位置的改变，人们完成了说话这个小肌肉群动作。

科学天才霍金患上“运动神经细胞病”，全身大肌肉无法做动作。后来又因为接受气管手术，连说话这个精细动作都无法完成。但他还能够通过转眼球与别人交流，这是由眼部细小肌肉牵拉眼球完成的小肌肉群动作。

一般情况下，我们的小肌肉群动作通常与大肌肉群动作同时进行，比如一边扫地一边交流，一边走路一边使用手机。

人体单个动作能组成复合动作。比如我们给他人指路，不仅手会指着某个方向，身体也会朝那里转。

我们走路时，下肢会和上肢协调一致，但这是反复训练的结果。如果体育老师教你一个新动作，刚开始你也会顾了上肢顾不了下肢，顾了四肢又顾不上躯干。这时，你会清楚地发现动作是怎么从“零件”变成“整体”的。

动作还可以按使用肢体不同，划分为头颈动作、上肢动作、下肢动作和躯干动作。如果你长期观察婴儿，会发现人类个体是逐渐掌握这些动作的。婴儿最初只能转动头颈，后来会翻身，这属于躯干动作，上下肢动作形成得最晚。

人类动作还有速度的上下限。电影《叶问》中，甄子丹能打出闪电连环拳，但那使用了特效镜头。据测量，上肢动作最快时只有每秒500毫米。而且，上肢离开身体的速度还要比收回身体的速度慢。另外，据测量显示，我们用手从上往下做动作（劈），会比从下往上做动作要快（抬）。

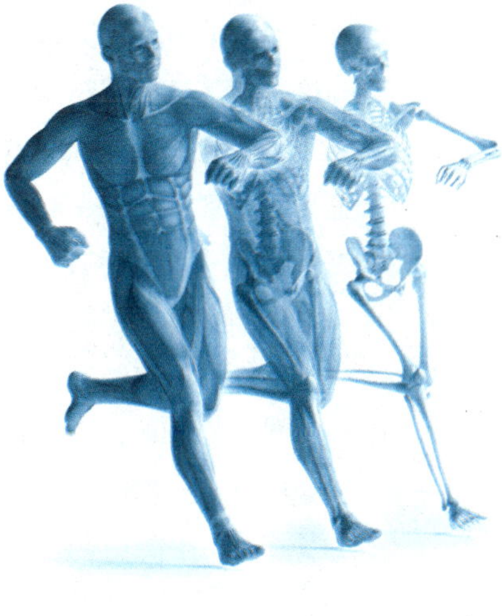

身体是动作的本钱

3 什么是必需动作

读到这里，可能有的同学会问，这到底是生理学还是心理学？怎么很像生理卫生课的内容？

是的，截至目前，还只是在生理学范围内讨论动作，这是为了让大家对动作有个基本认识。下面，我们就进入心理意义上的动作研究。

你可以用手指上指下，指左指右，指前指后。生理上我们都能完成这些动作。但你从来不会看到有哪个正常人，连续而且交替地做出上述动作。不停地朝各个方向乱指，这个动作完全没有意义。

于是，我们就得到了有关动作的第一个心理学结论——所有动作都要有意义，它总是要完成什么、影响什么、解决什么。婴儿不是这样，他们哭的时候手脚也乱抖乱蹬，这些动作完全不能帮他们解决什么问题。当我们在体育课上练习某项技能时，最初也总有不少多余动作。练得越熟，这些杂乱动作就越少。

所以，人类心理发展的一个重要方向，就是让动作越来越有意义。而动作意义从生理学角度是看不到的，属于心理学范围。

根据动作的不同意义，心理学家把人类动作细分成三大组，共17种。它们又称为“动素”，顾名思义是“动作的元素”，生活中人们做出的复杂动作，都是由这些动素组成的。

第一组叫必需动作，它们直接产生后果，包括八个动素：

（1）空运：把空着的手放到必要的位置上。

（2）握取：用手抓握物体。

（3）实运：用手把物体从一个位置移动到另一个位置。

（4）释放：手指松开物体，让它们停留在新位置上。

（5）装配：把两个或两个以上的物体拼装到一起。

（6）拆卸：把一个物体分解为两个或两个以上的物体。

（7）应用：操作物体本身让它产生结果，比如按手机按键。

现实中的应用动作具体怎么完成，要看你操作什么物体。比如，当我们骑自行车时，下肢动作明显多于上脚动作；开汽车时，上肢动作明显多于下肢动作。这是由汽车和自行车不同结构所决定的。

（8）检验：观察操作结果，并从中选择有用的结果。

初看上去，这八个动素都由手和臂来完成，其实不然，它们都是全身协调完成的动作。比如把物体从一个位置转移到另一个位置，不光要动手、转身，有可能还要走路。即使你站在原地完成装配或拆卸，你也要保持“站立”这个姿势才行。

另外，眼睛从头到尾都参与这些动作。为了让视线保持在目标上，我们要转动眼球，甚至要转动头颈。有时候我们还要倾听，耳朵也参与到这些动作中来。

所以，这些必需动作都是在大肌肉群动作基础上完成的小肌肉群动作。

必需动作构成我们生活的基础

4 什么是辅助动作

第二大组动作叫辅助动作，它们不直接产生后果，但有助于前八个动素的完成。其中，包括五个动素：

（1）寻找：主动搜索目标物体的信息，并产生一个必需动作。比如我们在车库里寻找自己的车，找到以后，接下来就进行“打开车锁”这个动作。

（2）发现：被动接受目标物体的信息，并产生一个必需动作。比如我们走在街头，背后突然传来汽车喇叭声。接下来我们就要闪开道路，为后面的来车让位。

无论寻找还是发现，动作的主角是感官。但必须要有各种身体动作去配合，才能让感官完成任务。比如我们坐在屋子里，忽然闻到一股烟味，我们会站起来，一边走，一边抽动鼻翼，寻找烟味的来源。这里面包含着行走、转身、转颈等多个动作，它们都配合着鼻子的嗅探。

（3）选择：有多个目标物体，但只能操作其中一个时，我们会做出选择动作。在超市里，你会观察到大量的选择动作，顾客们会把不同商品拿起来又放下。

需要注意的是，这里讲的选择是指动作，而不是内心活动。比如，桌上有一堆不同面额的硬币，我们翻弄这些硬币，把其中一元面额的找出来，这就是典型的选择动作。高考结束后，考生苦思冥想怎么填报志愿，这种内心活动不是这里要讲的选择。

（4）定位：将物体调整到必需的方位和角度上，以便完成一个必需动作。比如我们给手机充电，当你拿起充电器插头后，就会有一个微小的定位动作，将插头指向墙上的插座，然后再把插头伸过去。

又比如你用钢笔写字，每写一个笔画，都要让笔尖先待在纸面上的

搜索是重要的辅助动作

某个位置，再把它画向另一个位置。

（5）预定位：将物体调整到必需的方位和角度上，以便让物体自己完成变化。比如把一只球放到斜坡顶端，让它自己滑下去。

预定位动作在日常生活中比较少见，但在工业流水线上很常见。工人们把一个零件放到流水线上，就是让流水线把它们输送到必要的位置上。

要完成必需动作，就一定要有辅助动作。但这类动作并不直接产生后果，所以在一个复杂动作中，辅助动作越少，动作水平越高。比如，高水平足球运动员不看球门就能完成射门动作，这就减少了一个寻找动作。

大家都使用过电脑，在打字录入的时候，眼睛会不停地从纸面转到屏幕上，通过观察光标来确定位置。或者看键盘，帮助手指寻找某个键的位置。而专业打字员的要求是“盲打”，眼睛只看纸面，不看屏幕也不看键盘，全凭手指训练出来的感觉去打字。这也是减少辅助动作的例子。

5 什么是间歇动作

第三组动作叫间歇动作。它们既不产生直接后果，也不辅助必需动作，发生在两个必需动作之间。这组动作包括四个动素。

（1）持住：将物体保持在一定位置上，但没有产生有意义的后果，这种动作叫持住。

按照规划，举重运动员把杠铃举过头顶后，必须让身体保持稳定，裁判才能判断他动作有效完成。这种静止是有意义的。但如果一名工人拿起一个零件后，拿了一会儿才把它装配到机器上，这就是持住。

（2）迟延：指并非动作者本人造成的各种延误。比如我们想乘电梯下楼，走到电梯间里发现电梯迟迟未到，我们一连串动作就被迫中止一会儿，这就是迟延。当一个人认真读书时，最怕别人打断他，那就是对迟延的担心。

迟延和持住同样耽误了时间，区别在于前者是受外力干扰，后者是出于自身的原因。

（3）故延：动作者本人主动造成的耽误。比如学生们打开练习本完成作业，没有外界干扰，但因为心不在焉，总是写写停停，这就是故延。

在这里，我们要学习一个心理学方法。如何判断一个人是否喜欢做某件事？其中一个重要指标，就是看他在活动中故延现象多不多。心不甘情不愿的时候，我们虽然也可以勉强把动作完成，但总是夹杂着大量故延动作。

故延和持住同样是动作被自身中止，但故延是有主观意愿的，同一个人做同一件事，有时候会很痛快，有时候则拖拖拉拉，后者

休息并非无用功

就是故延。而持住则是由于动作不熟练造成的。

（4）休息：停止产生意义的动作，让身体恢复，解除疲劳。

人在休息时主要追求身体放松，而不一定是完全静止。比如一个人会坐在那里，哼着歌，脚打着节拍。这个动作并不产生直接后果，但它是放松身体的一种动作。

需要注意的是，休息虽然不产生直接结果，但不像前三种动素那样完全没有意义。我们的身体要在休息中恢复能量，才能高效率地完成下一个必需动作。即使是机器，也需要经常关机保养，何况是人的身体。

另外，人在学习和工作中经常发生持住和故延，有时候也是一种片刻的休息，是要"缓一口气"。但这种短暂的停止发生在一系列必需动作之间，不同于完全的休息。

从效率角度讲，工作中的持住和故延越少越好。在工作中通过停顿来获得片刻的休息，身体既不能得到充分放松，工作效率也会下降。有一句20世纪80年代的口号说明了这个问题："干的时候拼命干，玩的时候拼命玩"。

6 怎么给动作打分

分、分、分，学生的命根。

在学校里待这么多年，大家对各种打分评比再熟悉不过了。然而，那都是针对知识水平打的分。既然动作都有意义，不同人的同类动作就会有优劣之别，同一个人在不同时间做的同类动作也能评出高下。比如著名运动员孙杨，他今天使用的游泳动作和五年前、十年前使用的基本一样，但他的成绩却在飞速提高，这说明同样的动作他越做越好。

这其中到底发生了什么变化呢？

首先，动作可以从准确性方面来评价。对于射击射箭这些运动来说，动作准确性是它们最重要的指标。环数越大，准确性越高。制作那些精细的雕刻和绘画作品，也是以动作准确性为前提的。至于游泳、跑步这些动作，从初学到熟练，也是在准确性上越来越高。

平时生活中，我们也需要准确地完成一些动作。比如要把线穿到针里面，倒水的时候注意不要洒到外面。能写一笔好字，更是动作准确性的代表。

其次，动作要有稳定性。即当我们连续完成同一动作时，保证它不走样。一名优秀运动员和普通运动员之间最大的差别，就是他长时间连续做同一个动作而不走样。

第三，动作要有协调性。前面说过，动作是全身各部位配合完成的，如果各部位之间不协调，动作就会出现问题。

现在要是成年人说一个孩子“笨”，肯定指他学习成绩差。其实古人发明“笨”这个字，最初是指人们缺乏动作能力，是指“笨手笨脚”，而不是脑子是否聪明。从动作心理学来看，就是指他的动作在准确性、稳定性或协调性方面做得不好。

早期心理学家和别人一样，主要关注孩子们脑子是否聪明，后来才开始关注身体是否灵活。因为动作能力差，同样会在学习、工作和生活上产生许多问题。如果整整一代孩子普遍动作能力差，还会成为社会问题。比如现在中国大学生很多，但高级技工却很缺乏，而技工就需要过硬的动作能力。

孩子们动作能力不足主要体现在上述三个方面，首先是动作协调能力差，俗称“笨手笨脚”，在需要全身多个部位联合做出的活动中，这些部位不能协调一致。比如投掷时需要脚蹬地、腰发力、臂甩出，动作协调能力差的人无法把它们统一起来。其次是动作准确性差，俗称“毛手毛脚”。这样的孩子在家里不是碰掉碗，就是摔了杯。再有就是动作的稳定性不足。不过，这和少年儿童体力不足有直接关系，会随着身体发育而提高。

其实，学生往往比老师更关注动作能力。在学校里体育拔尖而学习成绩不好的同学，老师瞧不上，在同学中却往往很吃香。如今教师和家长往往更注重学习成绩，希望同学们自己关注一下动作发展，找机会多参加体力劳动、体育活动，特别是手工模型制作之类的活动，能提高动手能力。

各行各业都要评价动作效率

7 工程心理学——尖端动作研究

中国在全世界率先建设出实用化的高铁系统，其中也运用到心理学技术。比如，当列车运行到时速350千米时，路边的信号灯一闪而过，司机在这种速度下观察信号会产生什么问题？这就需要心理学家去研究。

从事这类研究的不是一般心理学家，而是工程心理学家。心理学的这个分支专门研究人与机器设备的关系，进而帮助科学家设计出更符合人类动作习惯的机器设备，或者帮助企业家改进管理，增加员工的工作效率。它有个别名叫“工效学”，更容易表现出它的宗旨。

工程心理学把动作研究发展到了极致，在它之前，无论普通人还是心理学家，都没把动作分析得那么透彻。本章介绍的不少知识都来自工程心理学。为什么他们这样专注于研究动作呢？因为机器设备是给人用的，不研究人的动作习惯，就会制造出使用效率不高的产品，或者由于使用不当，而让昂贵的设备发挥不出应有作用。

我们身边就有工程心理学的例子。所有电脑键盘上英文字母的排序都一样，甚至在电脑出现前，英文打字机就使用这样的字母排序。这个顺序是怎么来的呢？科学家们先要统计每个英文字母的使用频率，然后把高频率字母放到食指和中指动作范围内，因为这两个指头更有力，更不容易疲劳，也就是动作稳定性更高。把低频率字母放到无名指和小指动作范围内，原因当然正好相反啦。

几个手指头的动作，就是前面说的小肌肉群动作。对它们的研究结果直接决定了几十亿块键盘如何制造。

当你钻进一辆汽车，坐到驾驶员位置上，可以看到各种仪表，还有两侧的反光镜，它们的位置也不能随便摆放。工程心理学家要研究

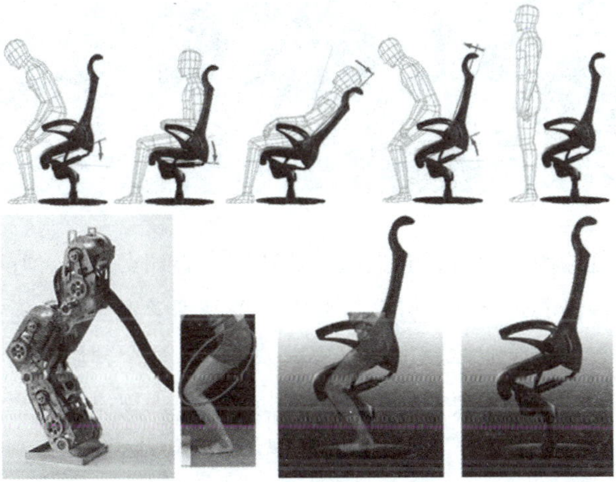

制造舒服的座椅就要用到工程心理学

人类视野，研究在视野里人们更关注哪个位置，从而决定这些观察对象的位置。

电脑和汽车现在都是大众消费品，至于那些高精尖的生产设备和科研仪器，更要仔细考察人类动作习惯才能设计，否则一报废就会产生重大损失。比如深潜器和宇宙飞船舱内仪器的布局，就必须有工程心理学家参加设计。

如何减少事故，也是工程心理学家的重要课题。大家经常听到飞机出事的消息，不是在空中相撞，就是从空中坠毁，事故往往发生在起飞或降落阶段。这是因为民航客机在巡航飞行时由自动驾驶仪控制，只有在起飞降落时才由飞行员操作——人成为事故的主因。工程心理学家一直在研究如何减少人为因素的飞行事故。

大家很少听说“工程心理学”，在心理学圈子里它也属冷门，笔者认为，将来它是心理学中极有前途的一个分支。提高工作效率，从公司老板到科研部门的领导，谁不需要这样的学问？

所以，如果你将来想从事心理学研究，这是我重点推荐的一个方向。

8 体育心理学——动作研究的重要战场

中国足球屡战屡败，有人认为这些国脚心理素质差，呼吁心理学家去给他们治治心理疾病。其实，真有一群心理学家工作在竞技体育界，他们的研究内容就叫体育运动心理学。不过，这个领域和治疗心理疾病没什么关系，他们主要是研究竞技运动中的心理规律。而它的核心，就是研究如何通过改变竞技动作来提高运动员的成绩。

除了脑力比赛外，运动员最终都靠动作完成比赛，没有心理学家参与，教练也会训练运动员完成动作。但是按照行规，教练员往往是退役运动员。他们从实践领域摸爬滚打出来，对于人类动作规律知其然，却不知其所以然，比如马拉多纳这样伟大的运动员，可以在比赛中做出天才的动作，却当不成好教练。

体育心理学家首先要分析运动员的竞技动作。像刘翔和孙杨这样的运动员，他们真正派上用场的竞技动作就那么几下子，但是专家要仔细分析这些动作的角度、速度、频率、组合方式。顶尖运动员之间的成绩也就差零点几秒，或者一两厘米，改进一个微小动作，都能决定冠亚军归属。

许多竞技项目要用到器械。球类运动员要用球，射击运动员要用枪械，滑雪运动员要用雪杖，乒乓球运动员要用球拍。使用怎样的动作才能让这些器械发挥最佳效率，也是体育心理学家研究的重点。研究人与器械的关系，这与工程心理学家做的事情很接近。

人类动作依赖于身体，所以身体什么时候处于最佳状态，什么时候处在疲劳状态，成为体育心理学家的重要课题。以前中国体育界讲究“三从一大”，“轻伤不下火线”，实践证明既不能真正提高成绩，还会因伤病缩短运动员的竞技寿命。在体育心理学专家多年的努力下，如今

穆里尼奥就是体育心理学专家

训练和恢复手段已经科学了很多。

体育心理学家由体育学院来培养，需要学很多专业知识。这意味着他们年轻时很难成为优秀的专业运动员。然而，各国体育界都主要从优秀运动员中挑教练，体育心理学家只能成为教练组成员主要做幕后工作。

不过，有个人却成为例外，那就是著名足球教练穆里尼奥。他早年的运动成绩不佳，没成为专业运动员，后考入里斯本科技大学就读体育教育专业。体育心理学就是这个专业的重点课程。现在，穆里尼奥成为学院派教练中最成功的一员。

或许你也能和他一样，虽然年轻时没成为出色的运动员，日后却成为伟大的教练员。前提是你专门攻读过体育心理学，对人类运动规律了如指掌。即使没达到他这个高度，随着民间体育的发展，体育心理学家的用武之地也会宽广起来。

9 行为矫正——动作研究的重要应用

2011年第83届奥斯卡奖最佳影片奖授予了《国王的演讲》。主人公英国国王乔治六世从小有口吃的毛病，由于难以在公众面前演讲，甚至影响到他继承王位。整部电影就是在讲主人公如何解决口吃问题。口吃是小毛病，但国王的口吃就算国家大事，所以才能成为电影素材。

电影里有个重要人物——矫正师莱昂纳尔·罗格。在他指导下，乔治国王加强呼吸、放松嘴部肌肉、加强舌头力量、练习绕口令。当然，电影编导不会把更多镜头对准技术细节，而是强调精神作用，但我却建议你多看看这些细节，罗格所做的工作叫“行为矫正”，这是动作研究成果的重要应用。

口吃困扰着不少青少年，它的准确名称叫“言语节奏性异常”，当事人知道该说什么，却因为不随意的音节重复、停顿或者拖长而表达不清。口吃最早出现在学习口语的幼儿中，比例高达5%。不过许多孩子只有几个月口吃。到上学的年纪，80%有口吃的孩子都能自己改掉毛病，这样的口吃又被称为良性口吃。成年以后仍然保留口吃才被视为问题。

不少人将口吃称为“疾病”，将有口吃现象的人称为“患者”，这并不准确。只有脑部出现器质性病变所导致的口吃才能称为“疾病”。有些人以前不口吃，但由于脑血管病变，压迫皮层上的言语区，会导致病理性口吃，而一般我们所指的口吃只是不良动作习惯。

除了口吃之外，人们还有许多种不良动作习惯，如不停地挤眉弄眼、经常发出哼哼声、挖鼻孔、走路姿势特别难看等等。儿童青少年时期由于缺乏动作训练，这些坏习惯更多，大部分都能自己矫正过来，也有一些习惯无力矫正，被带到成年生活中。

这些不良动作习惯和当事人的思想认识无关。相反，当事人比别人

人人都有不良行为需要矫正

更知道这些习惯的危害，欲改掉而不成功。存在这些不良动作习惯，恰恰说明动作是不依赖于认知的独立心理过程。所以，批评教育对改变这些习惯没有作用。

另外，不良习惯也不是由情绪问题造成的。有人认为像口吃这样的习惯来源于自卑心理，其实，当事人都是因为先有口吃，然后才感觉自卑。

不良动作习惯都是“动作碎片”，本身没有意义，却干扰了有意义的活动。像偷窃、斗殴就不能叫不良习惯，因为它们都有明显的目标指向。尤其是盗窃，更要进行复杂的筹划才能完成，所以罪犯要为偷窃和斗殴负责任。但如果一个人口吃，大家则会对他报以同情。

同样以动作研究成果为基础，如果说工程心理学和体育心理学是在提高心理的正能量，行为矫正便是减少心理的负能量。在国内，北京师范大学在这个领域里处在领先位置。同学们有兴趣可以了解一下他们的成果。当然，更欢迎你加入他们的团队。

10 别样的“长寿”

人们都希望自己能长寿，媒体也热衷于炒作“长寿之乡”。这里的长寿是指生理年龄比社会平均数高。但我们也可以换个角度看问题：甲和乙同样活到70岁，甲比乙多做30%的事情，是不是就算比乙多活出30%的年纪呢?

再想一下，如果一个人手脚利落，做事总比别人快10%，那么他每活一年，就比别人赢得一个多月的时间。这样也可以算长寿吧?

当我们了解动作规律后，就要树立这样的志向——提高你的动作效率，在每时、每天、每周、每年里比别人做更多的事，让有限的人生更有意义。

首先，我们要重视动作在人生中的决定性意义，要建立这样的原则——不付诸动作的想法等于不存在。甚至，你只是把自己的想法告诉别人，也算是对客观世界施加了一点影响。很多人，特别是青少年，有主客观世界不分的倾向。他们在脑子里产生一种想法，就觉得别人应该知道，甚至必定会知道。这当然不可能，不通过动作这个表现渠道，任何想法都被封闭在你脑子里。

中国人祝贺别人时常说两句话。一句叫“心想事成”，这句恭维话我很反感：只是在脑子里想想，不付诸行动，怎么能“事成”呢！还有一句我却比较赞同——“马到成功”，它的意思是说，如果你开始做一件事，那么希望你能做成功。至少，它是在祝愿你的行动走到最后。

其次，要在细节上努力提高动作效率。我们都能行走、跳跃、移动物体，但是自从脱离幼儿期后，我们就很少在提高动作效率上下功夫，以为手脚笨一些没关系。然而，每个动作都比别人慢半拍，效果差一截。日积月累，你不就等于少活了许多年吗?

举个例子，中国儿童从上幼儿园起就能使用筷子，但是谁也没有系统地学习过使用筷子。2001年，北京师范大学几位心理学家专门研究了儿童使用筷子的模式，居然总结出八种之多。他们认真分析每种模式中筷子的夹角、位置，比较哪种更灵活，哪种更准确。然后，他们去研究4~8岁的中国儿童如何学习使用筷子。

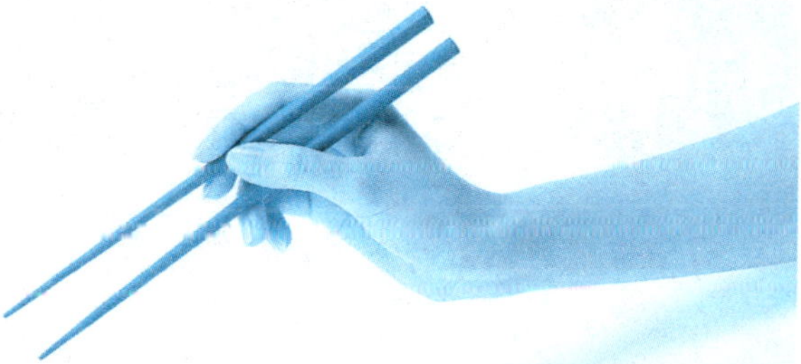

使用筷子都包含心理规律

不过是用用筷子罢了，心理学家怎么把它当成专业课题？前面我说过心理学的独特视角——从个体入手，从微观入手，从小事入手。在使筷子这么个细节上着手提高动作效率，鲜明地体现了心理学的这个特点。

最后，要努力矫正不良行为，当自己的动作矫正师。你有哪些不良习惯自己最清楚，只是苦于难以摆脱它们。现在不要着急，先记录下这个习惯发生的频率。比如，你总是忍不住咬指甲，那么用一周时间记录它发生的频率，平均一天十五次，还是二十次？然后从下周开始，你试着降低这个频率，一天只发生十二次怎么样？再下一周，一天控制在十次之内。

任何习惯都是长期养成的，也不可能一下子减少到零。但如果你循序渐进，持之以恒，一般在四到六周内，都会把它克服掉。

每克服一个不良习惯，你就等于找回了一段时光。

四　情绪，心理的燃料

1 情绪来自身体状态

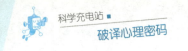

有位男演员因为经常在宫廷剧里演皇帝，被称为“皇帝专业户”。他对记者说过自己的感受。平时没什么，进入剧组，穿好皇帝戏装，高居宝座之上，看着下面饰演群臣的演员跪倒一片，心里就有高高在上的感觉。

这位男演员的体会正好说明一个心理规律：情绪就是对当前身体状态的体验。

“喜怒哀乐悲恐惊”，人为什么会有这许多情绪？它们从哪里来？在人的心理过程中又有怎样的作用？下面这章，我们就来讨论这些话题。什么是情绪呢？它是我们对当前身体状态的一种带有倾向性的体验。

这个概念不仅复杂，而且有些绕。好吧，让我们一点一点地分析这个概念。果真能消化它，你对情绪的理解一下子就上了个台阶。

情绪不是突然在脑子里出现的，它们是对当前身体活动的体验。这可能和你的常识相反，一般人总觉得自己是先体验到某种情绪，身体上才产生某种反应。比如同学们之间免不了会吵架。那么，吵架时你是先愤怒，再做出言语和身体反应，还是先有身体反应，然后再感觉愤怒呢？

你肯定会说，当然是先生气，才去咒骂和击打对方。这恰恰不是情绪过程的真相。实际上，我们的身体先对他人的恶言恶行产生反应，心跳加剧、呼吸急促，然后主观上才感觉到愤怒。

做个小实验：放下这本书，快速呼吸半分钟，你会有什么体验？肯定会越来越兴奋，莫名其妙地兴奋，因为现在外界并没有发生什么让你兴奋的事，只是你身体起了变化。

所以在一般情况下，总是周围发生了什么事，导致你的呼吸加快，然后你再感觉到兴奋。并不是你先感觉到兴奋，然后这种兴奋感加快了呼吸。反过来，如果你真遇到什么事，让你已经感觉到愤怒或者恐惧，试着做几次深呼吸，这些情绪就会大大缓解。

当然，如果两个人开始吵架，那么一个人的恶言恶语对另一个人来说就是威胁性刺激，激发对方身体产生反应，体验到更多的愤怒。这很像鸡生蛋，蛋生鸡。由于过程很短，我们总以为自己是先愤怒，后骂人，其实是因为咒骂对方，让我们体验到更大的愤怒。

所有情绪都是对身体变化的体验，这里又包括两种情况，一是内脏、血管和内分泌腺体的变化，比如悲哀的时候，人们都会感觉“心里堵得慌”，惊惧的时候都感觉到“头皮发麻”，愤怒的时候“血往上涌”。这些体验全人类都一样，说明各种情绪都有对应的生理变化。二是人的身体姿势也能激发情绪体验。一场比赛失利了，运动员们会“垂头丧气”。有经验的教练员会招呼弟子们，让大家抬头挺胸。只要运动员做出这个动作，挫折感真的就会减轻很多。

当你躺在床上时，心情就会放松，坐着的时候，精神总比躺着的时候绷得紧，站立的时候更紧张，这也是情绪随身体姿势变化的例子。

对于这个心理规律，演员最有发言权。他们要模仿别人的喜怒哀乐。但当他们真“入戏”后，会因为哭泣而感觉悲哀，因为笑而感觉高兴。入戏太深的演员，下场后半天都恢复不了正常状态。

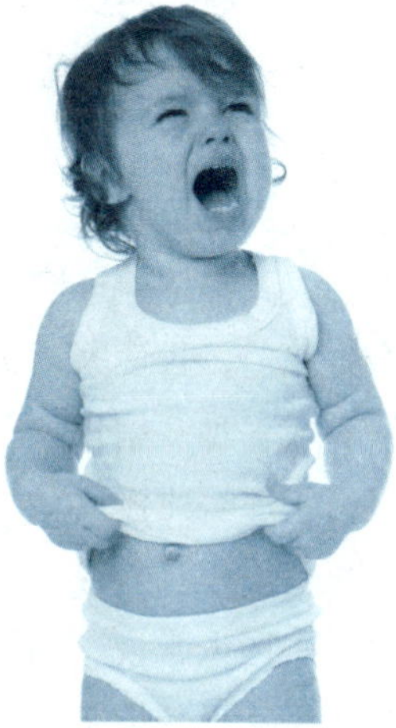

愤怒是天生的本能

2 情绪的“正”与“负”

第二章里说到，人通过三种内感觉体验肌体和内脏的变化。那么，对自己身体状态的体验不是应该由认知过程负责吗？确实，无论“血往上涌”、还是“心里堵得慌”，首先来自内感觉，但这些感受都不是中性的，在你体验到它们的同时，也伴随着愉快或者痛苦的感受。

这就是情绪概念的第二层意思——情绪是带倾向性的体验。其中正向的情绪包括快乐、兴奋、轻松等等，负面情绪包括悲哀、愤怒、恐惧等等。

实际上，大部分生理体验同时都伴随着情绪体验，比如，当你感觉肚子饿的时候，通常会伴随淡淡的抑郁，长期饥饿中的人情绪会很压抑。大家看看电影《1942》就会发现这一点：饥民比正常人要显得呆滞。相反，许多人在心里不痛快的时候选择饱餐一顿，食物能起到振奋精神的作用。

再比如，人生病时情绪会低落，产生无助感，比平时更想家、想亲人，自信心也会衰退。病愈之后，这些感觉就会一扫而空。

人人都体验过情绪，但很少有人知道它起什么作用。在心理学产生之前，哲学家、文学家、道德家都讨论过情绪，他们大多把情绪看成一种“副现象”，认为它没什么用，最多只是让我们的生活显得别那么死板。

英语里“情绪”一词是“emotion”，同时就有“扰动”的意思。中国人常说“闹情绪”“情绪化”，也都是负面词汇。总之，各种文化里“情绪”都和“理智”相对，被视为不好的现象。应该把它磨平、压住、去掉。果真是这样吗？情绪是大自然通过亿万年进化才产生的心理过程，它不会可有可无。

其实，情绪是高等生物适应环境的必要心理过程。我们不会说“蜜蜂高兴了”，也不会说“蚂蚁愤怒了”，但我们会在猫、狗这些高等动物身上识别出类似的情绪表现，而且不需要专家培训，随便谁都能观察出来。

想想吧，高等动物没有语言，也不会思维，它们靠什么指引自己趋利避害呢？就是靠情绪。当环境中某种事物让它感觉愉快，动物就会努力把该事物保持下去。如果环境中某种事物让它们不愉快，它们就会努力攻击它，或者逃避它。

因此，情绪倾向性就是调节动物行为的基本动力——趋乐、避苦。比起成年人，婴幼儿的行为离动物更近，他们也主要受情绪支配。在婴儿学会说话以前，他们直接用动作表现出痛苦或者快乐。

人在成长后逐渐学会了语言，学会了思考。如果一个人成年后的行为仍主要受情绪支配，会被人说成“情绪化”。但是，成年后情绪就不再是生活的主要动力了吗？

人类有很多负面情绪

微笑

3 情绪：心理活动的燃料

同学们大多有这样的经验：道理上知道应该认真学习，但就是打不起精神；道理上明白应该少玩游戏，但就是对它们有浓厚的兴趣。

人明白一个生活道理，这属于认知过程，但不一定就会产生相应的情绪。认知与情绪“打架”的现象倒是屡见不鲜。教练员特别有这方面的经验，总有运动员在比赛前无精打采，提不起精神。他们也能参赛，但运动成绩大大滑坡。

这些都说明，只对某个活动的意义拥有正确认识，缺乏相应的情绪，我们的行动成绩就会大打折扣。认知只能指明活动的方向和过程，情绪才能让我们真正动起来，它是整个心理活动的能量。

人们普遍有个误解，认为是认识在控制着我们的行动。这是因为人们只把明显的表情当成情绪的表现，如果看不出明显的表情，就以为一个人没产生情绪。其实，只要一个人在活动，他就是在受情绪的驱动。

比如，一名足球运动员得球后，带球向对方禁区飞奔、过人、射门，做了一系列技术动作。如果他打进这个球，就会振臂高呼，观众就会知道他产生了兴奋的情绪，如果他没踢进球，就会甩甩手，摇摇头，拍拍草坪，观众就会知道他产生了沮丧的情绪。

那么，情绪只是在攻门后这一瞬间才产生吗？显然不合逻辑，整个运动过程中他都受情绪支配，进球或者不进球只是改变了情绪的内容。前者是从紧张变化到狂喜，后者是从紧张变化到沮丧。所以，平时人们更多关注到情绪变化时的表现，没注意情绪稳定时的表现。情绪稳定不等于没有情绪，有时候强烈的情绪也会保持稳定。

这就像司机开车时的情形，当汽车在公路上平稳、高速奔驰时，我们很少感觉到发动机的运转。只有当汽车加速、减速时，或者边踩油门

是情绪推动着我们活动起来

边踩刹车，我们才会从车身振动中感觉到发动机运转。其实发动机一直在转动，只是转动在变化时更吸引我们注意罢了。

情绪能导致心理失衡，不管是过度恐惧，还是过度兴奋，一旦产生都需要释放出去，好让身体恢复平静。现实中有两种渠道可以让变化的情绪恢复平衡，一是直接发泄，比如用哭来发泄悲哀情绪，用咒骂来发泄愤怒情绪，人们通常也正是从这类发泄举动中辨认不同情绪。二是通过有意义的活动，直接改变造成这类情绪体验的现实。比如学习成绩差带来自卑，那么就通过提高学习成绩来克服这种情绪，所谓“化悲痛为力量”，就是指通过行动来释放情绪。

比较两者我们会发现，直接发泄情绪要容易得多，快得多。但是前面说过，动作会反过来强化情绪体验。越哭越伤心，越骂越愤怒。更重要的是，把情绪直接发泄掉，什么积极的成果也没产生，而用行动改变外界，进而改变情绪本身，虽然要花很多精力，耗费很长时间，但它会给你带来某些彻底的改变。

前面说过，情绪分为正面情绪和负面情绪，但这只是从主观体验上来划分。从推动个体活动这个意义讲，负面情绪往往有积极作用。巨大的恐惧、深深的愤怒、明显的羞辱、尖锐的痛苦，都能让人开始强烈而持久的行动，心平气和却只能令我们昏昏欲睡。

4 三维立体话情绪

1896年，德国心理学家冯特提出了心理学中最早的一个情绪理论，叫“情绪三维度理论”，试图把所有情绪放到一个体系里进行比较。这三个维度就是“愉快—痛苦”维度、“紧张—松弛”维度、“激动—平静”维度。

心理学创始人冯特提出了情绪三维度理论

愉快和痛苦维度在第二节已经介绍了，它起到最基本的行为定向作用——我们追求令自己愉快的事物，小到吃喝玩乐，大到事业有成。我们逃避或摧毁令自己不快的对象，比如体罚、艰苦劳动，物质损失等等。

紧张是指情绪的激烈程度，紧张的情绪促使我们“特别想做某事”，松弛则相反。“紧张—松弛”维度表明推动一个人“动”起来的心理能量有多大。仅仅让一个人从道理上明白应该做某事（比如不学习就不能取得好成绩），但无法让他的情绪紧张起来，就不会产生很高的活动水平。反过来，仅仅从道理上让人明白应该不做某事（比如希望死者家属“节哀顺变”），但无法让他的情绪放松下来，情绪仍然会支配着他。

“紧张—松弛”维度的后面，包含着带来情绪体验的那些生理变化的强度。在冯特那个年代，心理学家无法直接测量那些生理变化，只好从主观体验上来划分。现在，生物反馈仪已经能通过血压、心跳这些指标，间接记录情绪的紧张程度。

心理学家在这个维度上又把情绪划分成心境、激情和应激三种程度。心境是最平静的情绪。平时我们都处在某种心境中，比如淡淡的忧伤、百无聊赖、轻松愉快等等。当我们的情绪处于心境水平时，自己通常都忽视它的存在。当别人的情绪处于心境水平时，我们也不容易看到他的情绪变化。正是由于大部分时间里，人类情绪都处于心境水平上，所以让人们产生误解，以为平时情绪不存在。

比心境稍高的水平叫激情，当我们的情绪处在这个水平时，自己能清楚体验到。如果别人情绪处在这个水平，我们也能分辨出他的表情。由于激情背后是更强烈的生理变化，人体不能长期承受，所以它总比心境的时间短。

应激是最激烈的情绪体验，狂喜、震怒、惊恐都是典型的应激状态。处于应激情绪时，生理变化最为明显，周围的人都看得出来。由于人体并不能长时间承受剧烈的生理变化，所以应激的情绪状态最短，而且事后会有筋疲力尽的感觉。

“激动和平静”指情绪主观体验的大小，看起来这似乎与“紧张—松弛”维度产生重复。越紧张的情绪，当然主观上也越激动。其实这恰恰体现了冯特的高明之处。当我们把紧张的情绪转移到活动中时，主观上就会感觉情绪在平静下去，但生理上的紧张程度依旧。

相反，如果我们躺在沙发上听相声、看小品时，产生的情绪并不紧张，但却很激动。

狂喜是典型的应激状态

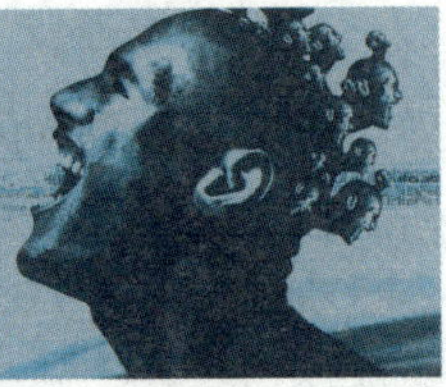

5 表情，摘下面具之后

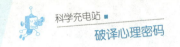

看过《非诚勿扰》之类的征婚节目吗？当女嘉宾集体亮相时，镜头一一扫过她们，这时候女嘉宾通常会“面无表情”。其实，“面无表情”恰恰是人为制造出来的一种表情，俗称“面具脸”，目的是故意让他人看不出自己的情绪体验。

心理学中表情的概念与生活中稍有不同，不仅包括面部表情，也包括身体姿势和说话时的语气，总之，所有能传递情绪信息的动作都算表情。一个人尖声大叫，让我们知道他很恐惧，这种语音本身也属于表情。

在现实生活中，人们都能控制自己，做出（或者不做出）某种表情，从而传达（或者隐藏）特定的情绪。比如在打牌时，我们总想让表情平静下来，让对手不容易发现自己的牌是好是坏。打开电视时，主持人总是努力做出愉快表情，但他不可能每天都这么愉快。

这些有意识制造出的表情叫作功能性表情。它们是有意义的，但我们这里要讨论自发表情，而把功能性表情放到后面去讨论。

如果一个人生下来就是盲人，成年以后他会显得面无表情。但在婴儿时期却不是这样，盲人婴儿的表情和正常孩子差不多，直到慢慢长大后，由于缺乏来自他人的反馈，表情才转向淡漠和古怪。

这个例子说明，成年人的表情是慢慢学会的。自从儿童知道可以用表情影响成年人开始，表情学习就出现了。但人类也拥有一些先天的、自然的表情。

心理学家观察过“意志性面瘫”的病人。这种病人面部肌肉瘫痪，当他想努力做出笑容时，只能咧咧嘴。但如果他真被人逗笑了，却会发出正常的微笑。

中国人形容一个人开心，就说他“眉开眼笑”，正好指出自然的笑容有什么特点——必须有眼轮匝肌参与。19世纪心理学家杜可尼最先从科学角度研究了这个现象，他请来志愿者，用电击的方式刺激他们的口周肌肉和眼周肌肉，形成人造的笑容。最后他发现，人不能自由支配眼轮匝肌，真正的笑容则必须有这块肌肉参与。

所以，下次再见到向你点头微笑的售货员，可以观察一下他们的眼部。

心理学家曾用电击面部肌肉的方式研究“天然表情”

又比如，我们经常发现有人一边打电话，一边做各种手势。通话的对方肯定看不到这些手势，所以它们只表达出打电话的人此时的心情，起不到交流作用。

有趣的是，当人们的脸上浮现出自然表情时，左右脸并不平衡，左脸往往比右脸强烈。心理学家把有面部表情的照片延纵轴线剖开，再将一边重叠到另一边，制造出由两个左脸合成的脸部，或者由两个右脸合成的脸部，结果发现了这一规律。

其实，这个心理规律每天都发生在你面前，不过必须有专门的研究，才能把它分辨出来，并记录下来。科学和常识再次显示出了区别。

6 阅读你的情绪

“剪不断、理还乱”是人们形容情绪体验时常用的一句话，人们经常处于复杂的情绪体验里，说不清当下是什么情绪。不过前面说过，颜色、听觉、味觉这些心理过程，都是由几种简单元素组成的，情绪也是如此，可以分解出几种最基本的情绪“元素”。

（1）愉快　这是当活动收获预期目标时，紧张情绪释放后所产生的情绪体验，也是最典型的正面体验。愉快的大小取决于几个条件。紧张的时间越长，收获时越愉快，比如多年为高考准备，一旦过关后获得的愉快就很强烈。收获的目标越大越愉快，同样购买彩票，获大奖带来的愉快就强于获得末奖。另外，如果突然间获得目标，也会收获强烈的愉快。由于愉快是紧张情绪放松后的结果，所以持续时间并不长。当人们投入下一个活动后，上一个成功带来的愉快就淡化了。

（2）惊奇　当前情形超过自己预料所产生的情绪体验。惊奇是一种正负相间的体验，它带来认知上的不平衡，所以有负面感受。它又能带来兴奋感，所以有正面感受。人们在观看电影、小说时的“猎奇心理”，就以惊奇为主。一件事物越能激发人的惊奇情绪，就越能吸引人去关注它。只有惊奇加上恐惧，形成“惊恐”，才会给人完全的负面体验。

（3）悲哀　活动失败或者有价值物品损失所带来的情绪体验，是典型的负面情绪，强烈悲哀伴随着失眠、食欲消失等生理现象。

（4）愤怒　活动受到干扰时产生的情绪体验，愤怒的对象可以是一个人，也可以是一块绊了脚的石头。愤怒是负面情绪，但它也具有强烈的力量，促使当事人采取行动。

（5）恐惧　人处于危险状态下产生的情绪体验，常伴随着剧烈心跳、汗毛竖起等生理反应。恐惧和愤怒与肾上腺素分泌有直接关系，所以它们的体验高度接近，常常不容易分辨。愤怒产生攻击动作，恐惧产生逃避动作。战场上士兵总是体验到愤怒与恐惧交织的情绪。

（6）抑郁　低落、失望、消沉的情绪体验。它通常与生理状态不佳有关，饥饿、疾病、缺乏睡眠时都会产生抑郁体验。抑郁最明显的体验就是失去兴趣，什么都不想做。这实际上是种保护机制。当人生理状态不佳时，确实需要减少活动来休养身心。一般的抑郁谁都会产生，和病理性的抑郁症不同，抑郁症是血清素分泌不足导致的。

（7）厌恶　厌恶来源于人婴幼儿时期受到不良气味刺激所产生的呕吐感，后来发展到对人和社会现象的不良感受，但仍然伴随轻微的呕吐感，强烈的厌恶甚至真能让人吐出来。世界各国文化不同，但在形容对一个人反感时，都会用“他让我恶心”之类的比喻，正好说明厌恶感与呕吐感的关系。

要学会体验自己丰富的情绪

坏的情绪一大把，好的情绪只有一个半？正是如此！让人类痛苦的原因多种多样，让人类快乐的原因通常只有一个：原来的麻烦消除了。严格来讲，快乐只是痛苦的解除。你如果想感受甜，就先吃苦吧，这才是人生的真面目。

7 情绪的真相与误解

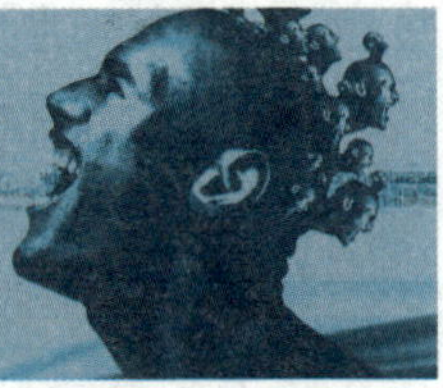

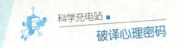

人们很重视情绪，但并不等于就能理解它的规律。学了上面这些有关情绪的知识，你会发现生活中许多对情绪的看法都是错误的。

有人认为情绪完全是孤立的内心体验，如有必要就可以彻底消除，如果消除不了，只能说明个人涵养能力低。其实不然，情绪只是对身体反应的体验，所以任何时候你都有情绪存在。能通过个人修养来控制的，只是某些极端的情绪反应。

有人认为，不愉快的情绪完全没有用处，就像是心理上的盲肠，最好把它们彻底去掉。其实，一些情绪如恐惧、焦虑、愤怒等，它们固然令人很不愉快，但能够产生强烈的紧张感，促使我们行动起来。同学们每天早上起来为什么要往学校赶？很多人就是怕受到家长和学校的责骂。这么解释虽然不光彩，但它却是现实。

还有一些不愉快的情绪如悲伤、抑郁等，它们本身比较松弛，很少导致什么行为。它们的意义在于形成痛苦记忆，使我们在今后生活中遇到相同情境时会保持警惕，避免再产生同样的痛苦。所谓一朝被蛇咬，十年怕井绳，说的就是这种不愉快的情绪记忆。

试想，如果一个人完全没有痛苦的记忆，什么都不怕，什么都不在乎，他就无法警觉现实中的困难，一次被蛇咬，次次被蛇咬。

人会因为即将从事不适应的工作而焦虑，这本来很正常，做不来当然会着急，但现在媒体喜欢炒作这种焦虑。尤其对学生来说，不少文章去描写“考试焦虑”，仿佛它是种严重的疾病，不仅没让同学们理解和控制好焦虑情绪，反而给孩子、家长甚至老师都添了心病——让大家为防止“考试焦虑”而焦虑。

其实，适度的焦虑有助于发挥水平，如果一个学生对考试完全放

不愉快的情绪也有用

松，毫无压力，反而会发挥失常。

所以，并不存在“不良的”情绪，只存在对情绪的不良处置方法。焦虑、恐惧、悲伤之类的情绪令你极不舒服，但它们都提示你正和环境之间产生矛盾，驱动你去行动。

随着年龄的增加，人们逐渐学会控制情绪。但是控制情绪并不等于消除情绪，比如有的成年人听到打雷的声音，心会“怦怦”跳，他就认为自己还没有成熟，没法消除恐惧，其实这是自然的生理反应，我们不需要清除它们，只需要控制它们。

8 该松时松

情绪是心理活动的能源，所以真正有害的不是情绪本身，而是情绪的失控，特别是长期处在激情甚至应激的情绪状态下，生理活动大幅提高，进而导致心血管疾病、肠胃疾病等。所以，大家要学习一些放松情绪的方法。

其中一种叫作生物反馈训练，它是1967年由美国心理学家米勒提出来的。最初，它只是几种医学常规检测手段的综合，包括测血压、测心率、测脑电波、测体温、测肌肉张力、测皮肤电反应等。

米勒发现，如果能够连续测量一个人的上述指标，并让他自己看到这些信号的变化，当事人就可以凭借意识让身体安静下来，让这些指标朝着较低、较缓的方面变化。长期做这种练习，一个人便可以更好地支配情绪。

本章前面告诉大家，生理变化直接形成情绪体验。比如一个人爱生气，就包括对血压升高的体验。一个人心情紧张，他的肌肉也会绷紧。反过来，如果一个人能间接控制自己的血压，让它慢慢下降，他岂不就能克制脾气了？如果他能控制肌肉，让它尽快放松，他的精神也就不紧张了。米勒当年就是沿着这个思路发明了生物反馈技术。

“生物反馈”这个汉语译法容易让大家望文生义，以为只是一种反馈信息的技术。其实这种技术的重点在于练习控制自己的身体，反馈信息只是帮助你了解练习效果。进行生物反馈练习需要在身上套许多电极，练习者只能待在床上、座椅上，保持在一个姿势下，练习过程单调乏味。

音乐也可以放松人类情绪。有一种针对精神病和心理疾病的疗法，就叫音乐疗法，主要功效就是通过舒缓的音乐让患者情绪松弛下来。笔

学会在必要的时候放松自己

者曾经参观过一家心理治疗中心的音乐治疗室。那是一个类似单人浴室的地方，天花板上布满星空图案，人躺在与体温接近的水里，把灯光调暗后，就仿佛在仰望群星。然后，室内响起若有若无、悠扬舒缓的音乐，人在这种环境下很快就会昏昏欲睡。

音乐治疗很少选择流行作品，而是使用一些专门为放松情绪制作的音乐，特别是瑜伽音乐、佛教音乐。大家没有上面说的那种专门环境，但可以准备一些这类音乐，情绪紧张的时候把一切都放下，听上几分钟。

9 该紧时紧

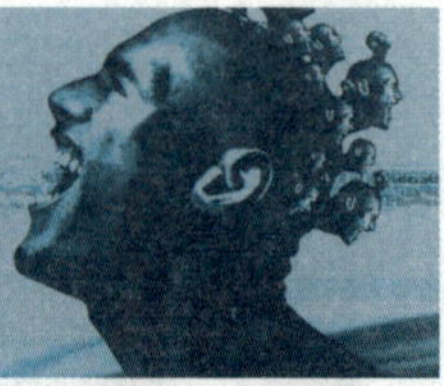

寒暑假结束，学生回到学校，总会有几天紧张不起来。脑子里想学习，身心还处在休整的状态。学校生活还比较简单，允许学生用较长时间去适应。一周、十天下来，学生们早晚都能进入正常的学习状态。参加工作以后，每天都面临不同的事情，必须迅速进入状态，否则就会出状况。

特别是运动员，一场比赛没有多长时间，如果半天不能让情绪紧张起来，很容易在比赛中失误。教练员很忌讳运动员“慢热”，如果要换一名运动员上场，都要先让他在场边做准备活动，这些活动的意义就是让情绪进入比赛状态。如果场上有队员突然受伤，教练在没有准备的情况下临时从替补席叫一个队员上场，这个队员就不能很快发挥出自己的水平。

所以，学会让情绪迅速紧张起来，也是一门技巧。

前面说过，动作本身就能让情绪紧张起来。如果你一时不能进入某种状态，先选择内容简单但强度很大的活动，比如，抄写单词和写作文、计算数学题相比，前者简单，后者复杂。如果你假期结束回来进入不了学习状态，就选择抄抄写写，甚至好好整理一下课桌，准备准备文具，都能让自己紧张起来。

音乐是最能直接调动情绪的艺术手段。前面说的音乐治疗，是用舒缓的音乐放松情绪。相反，激烈高亢的音乐就能激发情绪。古代战场上要擂战鼓，就是直接刺激心跳，让人产生兴奋感。

近现代出现的“进行曲”，是专门催发人类情绪的音乐手段。中国、俄罗斯和法国的国歌都是典型的进行曲，什么时候听都能令人振奋。

军乐的主要功能就是让人精神振奋

选择几首激烈高昂的曲子放在电脑或者手机里，需要的时候听上一曲，几分钟就能让你精神饱满。

相反，一些流行歌曲以前被批评为“靡靡之音”，就是因为它们会产生放松、昏睡的情绪体验。当然，人并非时时都要绷紧精神，所以“靡靡之音”也有它们的欣赏需求。

如果你喜欢看拳击格斗类比赛，会发现运动员上台后，都要比画几下，再大吼几声。这不是虚张声势，而是让身体热起来、兴奋起来，这也是调动情绪的方法，名字叫“风呼吸法”，让自己快速、剧烈地呼吸，情绪就兴奋。

在军队训练中，一直都强调大声说话。无论是回答问题，还是报数、喊口令，都必须中气十足，这也是让战士“精神起来”的手段。

如果你发现自己萎靡不振，最快的兴奋方法就是大喊几声。当然，使用这种方法，首先要找到不打扰别人的地方。

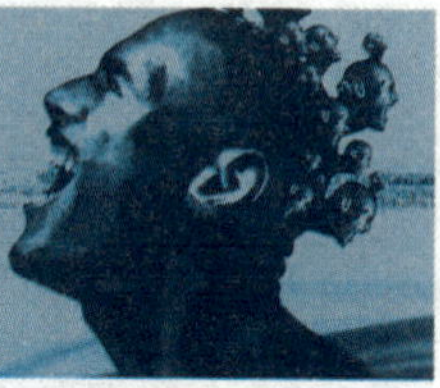

10 调节情绪好习惯

除了面对工作和学习这些必要状态，平时我们也要调节好情绪。许多养生之道，其核心就是控制情绪。

既然情绪是对当前生理状态的体验，那么调节好我们的生理状态，也就间接调节好了情绪。在日常生活中养成一些好习惯，有助于我们保持充沛的精神力量。

首先要注意睡眠，这是调节情绪的重要习惯。人们很少像对待吃饭、穿衣那样重视睡眠，其实睡眠是保养情绪的最好方式。缺乏睡眠时，人就会产生失落、抑郁、压抑的体验。

学会用体育活动来释放紧张情绪，也是一个重要的情绪保养习惯。高等动物看到猎物或者天敌，血液就会涌向肌肉和脑部，以备肌体迅速投入剧烈活动——奔逃、捕食或者战斗。人类继承了这一先天机制，但是现在既没有虎狼，也很少有战争，人类所遇到的紧急情况往往不再与身体有关，而是需要用脑力活动解决，紧张情况发生时肌肉充血之类的反应就得不到释放。

所以，如果你刚刚从事完一场紧张的脑力劳动，特别是经历了一次压力很大的考试后，最好来一场酣畅淋漓的体育活动。特别是女孩子，不要怕被人说成好动、外向。剧烈的身体活动是释放紧张情绪最好的方式。

既然情绪是对生理状态的体验，那么肯定有不少物质因为改变生理反应而产生兴奋的情绪。烟和酒就是最常见的情绪类物质。它们完全不是基本的营养必需品，人们摄入它们就是为了刺激情绪，使自己兴奋起来。

毒品与烟酒相比，它们能更快地产生兴奋情绪。但是，情绪只是

我们要主动拒绝烟、酒、毒品

对生理状态的体验，生理唤醒程度被人为提升起来，过后必然会重重地跌落下去。所以经常吸毒的人并不会给人活泼振奋的感觉，反倒是昏昏欲睡、萎靡不振。这就叫“戒断反应”——只要一减少毒品用量，人就失去精神活力，必须再次摄入，直到身体被完全摧垮。

经常听相声、小品，看喜剧片，用笑声来减少负面情绪，也是一种情绪调节的方法。如果没有那么多时间，可以寻找笑话集、小品集来阅读。

情绪能够互相感染，一个人总是拉长了脸，待在他身边的人也会很压抑，反之亦然。所以，在生活中尽可能交阳光型的朋友，大家一起形成一种快乐的氛围，就能够影响其中的每个人。

同时这也提醒你，自己的情绪表现出来，必然会影响周围的人。如果是正面的情绪，那就尽可能去释放出来。如果是负面情绪，还是掩饰起来为好。创造一个健康向上的情绪环境，我们大家都有责任。

五 意志，心灵的司令官

你可能玩过这么一个游戏：两人相对而坐，互相凝视对方，看谁先绷不住笑出来。这个简单游戏全世界都在玩，行为艺术家玛丽娜·阿布拉莫维奇更是把它变成一场表演。2010年，她在纽约搞了一场名为《凝视》的行为艺术演出，其内容就是坐在那里，接受游客的凝视挑战。

据说，不计算吃饭睡眠等生理活动占用的时间，玛丽娜总共坚持了712小时，打败1500位挑战者。最后，她过去的男朋友跑来挑战，两人凝视时玛丽娜忍不住哭出来，这场旷日持久的表演才以浪漫的结尾收场。

如果让你用一个词来总结这种游戏的特点，估计肯定会选择“意志”。是的，这就是意志力的较量，看谁更能控制自己的面部表情。

意志这个词历来被冠以庄严的内涵，文学家、哲学家、宗教家都经常讨论它。在心理学中，意志是指将身心保持在特定状态的心理过程。

玛丽娜让自己脸部肌肉一动不动，就需要强烈的意志力去约束这些肌肉。如果你玩过这个游戏，就知道玛丽娜的内心经历着什么。她必须压制住种种自发表情：想笑，想哭，想皱眉。当然，她不是神仙，所以最终没克制住。不过在她成功表演的每时每刻，她都能把自己的情绪锁起来。

在这里，我们就看到了意志的主要功能——根据情况，压抑此时此刻不需要的心理过程，让那些需要的心理过程表现出来。意志是各种心理活动的司令官，或者守门人。放谁不放谁，由它说了算。

比如，你在做功课时“走神”，就是自由联想冲破意志阻拦，占据

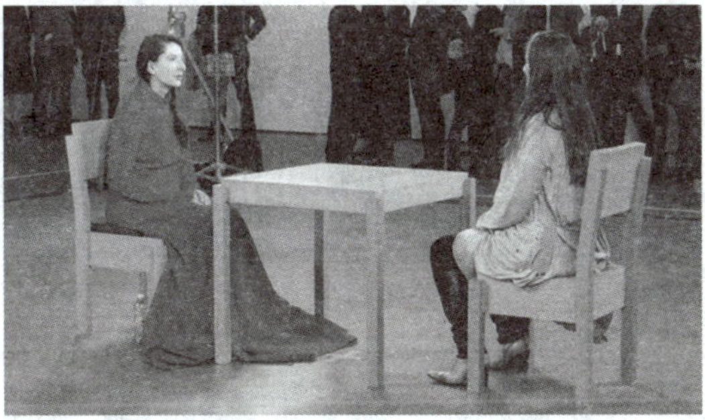

行为艺术家玛丽娜在“凝视”

你脑子的结果。而当你意识到这点，把思路再拉回来，就是让意志重新控制了自由联想。

我们自己经常处于内心矛盾中，让意志来充当裁判官。当我们观察别人时，看到的也是他的意志允许表达出来的心理活动。意志就是其他三种心理过程的主宰。针对不同的心理过程，它同时执行着抑制和推动两种命令。比如，没到下课的时候，我们压制着饥饿感，专注于听讲动作。和别人话不投机时，我们克制着愤怒，保持着礼貌。这些都是压抑一种心理过程，推动另一种心理过程的例子。

人们通常把意志和思维混为一谈，因为当我们回忆内心活动时，更多去关注那些能用语言表达的部分。比如人们早上醒来，会产生“多躺一会儿”的冲动，同时又会产生一个观念——应该马上起来，还有许多事情要做。

当你最终起床时，是不是这个观念起了作用呢？当然不是，如果它能起作用，在脑海里产生的一瞬间就应该起作用。可是，一边认识到应该起床学习和工作，一边躺在床上翻来覆去，这样的人太多了。

所以，肯定有某种更高的心理过程，在“休息的冲击”和“起床的要求”之间充当了裁判，克制住前者，把你从床上拉起来。或者，它也可能对“休息的冲击”做出妥协，让你继续赖在床上。只是这种心理过程并不借助语言，人们很难捕捉到它，更不容易把它形容出来。

2 意志究竟在哪里

我们都遇到过这样的事情：从某个地方把一杯热水端到另一个地方，中途感觉杯子很烫，甚至坚持不住，想把杯子扔掉，但是另一个声音在提醒你，一松手杯子就会掉到地上摔烂，所以要挺住，挺住……

好了，现在你已经知道，这就是意志在起作用。但是我们又讲过一个原则，必须找到某种心理过程的生理基础，才能认定它存在，那么意志的生理基础在哪里？

从微观上讲，产生意志的物质基础叫抑制性神经元。神经元就是神经细胞，每个神经细胞会通过许多个“突触”，与其他成百上千个神经细胞形成网络。两个神经元之间通过一些化学物质传递信息，它们就叫化学递质。有些神经元在自身兴奋后，会释放出特殊递质，抑制与其连接的神经元，这些神经元就叫抑制性神经元。它们仿佛脑子里的一群警察，主要责任是强制你“不能做什么”，而不是鼓动你“能做什么”。

从宏观角度讲，抑制性神经元分布在脑的许多地方，但在眶额皮层上非常集中。在你眼眶到前额之间这片狭窄区域的头盖骨后面，对应的大脑皮层叫眶额皮层，它是意志过程的主要定位点，从这里出发的神经网络控制着其他各种神经活动。

从进化角度来看，这是整个神经系统在进化过程中最晚诞生的部分，动物基本不具备这个结构。按照越晚出现越高级的规律，意味着这片皮层就是心灵世界里最高级的“司令部”。

既然意志有如此明显的生理基础，意味着它也像肌肉、骨骼一样，存在着“力量”的大小。是的，眶额皮层对其他部位的控制能力，在不同人之间有明显区别。生理心理学家解剖过一些死因的尸体，他们生前经常有暴力行为，结果发现他们的眶额皮层比正常人减少1/4左右。不过

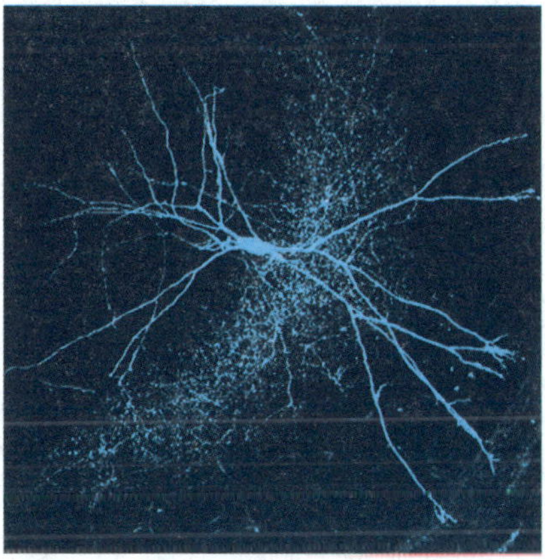

在微观上，意志靠抑制性神经元起作用

生理心理学家还没有搞清，这些人的眶额皮层是先天就发育不足，还是后天经常放纵自己，导致这片区域发生萎缩。

当一个人成长时，意志力也会上升。回忆几年前的你，是不是控制情绪的能力上涨了很多？课堂上的注意力也集中了很多？如果你坚持下去，今后你还能管住更多的心理过程。不过，既然意志背后也有生理基础，意志力也就像臂力一样，可以慢慢提升，却不能一下子变得超强。你不能指望一觉醒来就完全控制自己，不，谁都不能完全做到这一点。做不到完全的自我控制并不丢脸，一点点增加控制范围，延长控制时间就行。

正因为意志总与克服困难相联系，所以人们通常在困难场合下才体验到意志的作用，比如爬山、长跑、遭遇灾难、克制病痛等。其实，只要把身心保持在一定状态，就是意志在起作用。所以在许多看起来并不困难的场合下，意志也同样存在。

比如，从厨房端一杯水回卧室，普通人随时可以完成这个任务，你可能不觉得这和“意志”有什么关系。但在某些精神疾病中，意志衰退是典型症状，病人即使完成端水、穿衣这些简单动作，都要比正常人慢几倍。

3 意识——意志的辖区

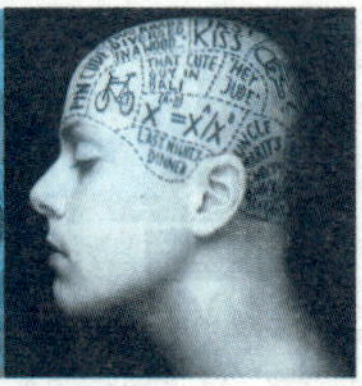

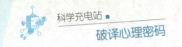

你可能已经从心理学读物中看到“潜意识”这个词，并且觉得很神奇。难道脑子里还有自己感觉不到的心理活动吗？当然有，并且非常非常多，大部分心理活动都在意识之外，比如在认知那章里，人如何分辨背后某个声音的方位，就是发生在潜意识里的心理过程。

什么是意识？它是人对心理过程的觉知和监控，在心理学中，心理是大概念，意识是小概念，只有极少一部分心理活动上升到意识层面。许多心理活动我们没有觉知，无法监控，但它们仍然存在。意识就像黑夜里的探照灯，当它照到哪片区域时，那里发生的事情就一清二楚，而它照不到的地方仍然发生着各种心理变化。

这和意志又有什么关系呢？意识是意志的工作范围，一种心理过程只有进入意识域，我们才能识别它，进而控制它。

让我们看看部队里的司令官是怎么工作的。假设他指挥着几万人的部队，这些官兵每天训练、站岗、行军、打仗，还要吃喝拉撒，他们的武器要购买、要保养、要使用，所有这些事情如果全部汇报给司令官，当天就能把他累倒。司令官只管大方向，处理宏观事务，这些细节每天都在司令官看不到的地方自动发生着。

意志是心理的司令官，一个人心理活动的信息量如果印成书，全世界所有图书馆都放不下。你走在大街上，视野里随便经过的人就有几百上千，看到的商店也有许多家，你能记得其中几个呢？所以大部分心理活动只能在意识域之外自发进行着。只有最重要、最迫切的信息才“上报”给意志，由它做决定。而意志的司令部就是意识域，在这里，我们能清醒地听到、看到，清醒地思考。

在人一天的生活中，意识的清醒状态会有起伏。这由中枢神经里一

失去意识，也就失去了意志

个叫“脑干网状结构”的部位来调节。睡眠时意识程度最差，但也不会完全消失。人们可以从梦中被唤起，就是在睡眠中还保持着对声波信息的警觉。

相反，在没睡觉的时候，人的清醒状态也会有起伏，这种起伏干扰着意志的工作效率。造成这种状态的原因有如下几点：

首先是脑供氧量，脑是极度耗氧的器官，一个人被勒住颈部几分钟，脑就会死亡。平时我们习惯待在室内，空气不流通导致供氧不足，让脑子不清醒，主观感觉是眼花、头皮发胀、易疲劳。夏天有时气压下降，也会导致供氧不足。如果有以上感觉，就要立刻到外面换换气。

其次是脑供血量。氧由血液输送到脑部。有时环境里氧气充足，但脑供血量不足，也会导致意识模糊。在地上蹲久了突然站起来，心脏一时无法适应体位变化，血供不上大脑，就会导致头晕眼花。人吃得很饱，更多血液涌向肠胃帮助消化，脑供血量也会下降，饱食后经常犯困就是这个道理。

血糖含量也影响意识状态。饥饿会降低清醒程度，所以如果你有不吃早餐的习惯——我知道不少青少年都有——建议立刻改正。身体疲劳时不光体力劳动效率下降，意识也不那么清醒，所以感觉疲劳就应该安排休息。

了解这些有关意识状态的知识，有助于你合理安排生活。

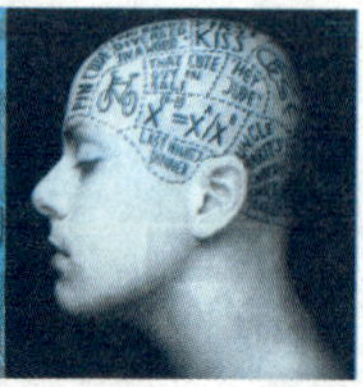

4 意志的单一性

信神的人经常在遇到危险时向神求助，认为自己越心诚，就越能得到神的帮助。这就产生了疑问：鉴于信同一个神的人有成千上万，如果同时有几百人分别向他求助，神都能听到吗？即使都听到，他要帮哪个，不帮哪个？如果他只能帮其中一个人，对于其他祈祷的人来说岂非就不灵验？

其他宗教都没解答这个疑难，但是中国佛教徒设想出“千手千眼观世音”这个形象，算是对该疑问的回应。这个观音至少可以“并联处理”一千次祈祷。

这个宗教难题也应合一条心理规律——人不能在同一时间做两件以上的事。这就是意志的单一性。当然，神能不能这样就另当别论了，那只是个玩笑。一支军队可以同时打几场仗，一家公司可以同时做几单生意，那是因为它们由许多人组成。一个人在同一时间，只能做一件事。

汉朝董仲舒在《春秋繁露·天道无二》中指出，如果一个人拿着两支笔，同时一手画方、一手画圆，“莫能成”。这个“画方画圆”实验，是心理学史上最早对意志单一性的讨论。当然，董仲舒并没说明自己是真做过实验，还是根据生活经验做的推断。

画方画圆实验简单易行，你可以自己试一下

心理学产生后，心理学家专门设计了“分心实验”，让一个人两手同时写两个字，并用高速摄影机拍摄，再定格分析他的动作，结果发现总是有一只手自觉地勾画，另一只手凭借惯性勾画。只是人的注意力频繁在两只手上切换而已。

依靠这种注意切换，我们能边剪指甲边打手机，边走路边吃东西。传说中武林高手可以眼观六路，耳听八方。其实，如果把观察的时间段分割到一秒以下，那么你每秒钟都只是在完成一个心理过程，而让其他心理过程自动发生。

意志的单一性，不等于心理过程的单一性。我们时常有几个心理过程在脑子里打架，做一件事情会忽然不知道接下来该干什么。这种脑子的“短路”，正好说明许多心理过程在一起涌上来。意志的作用在于当好守门人，放哪个过程表现出来，把其他的关到后面。

意志单一性，正是意志基本功能的表现。试想，如果一个人能在同一时间完成几个心理过程，那还要“守门人”“司令官”这些角色做什么？正是人类身心无法像神那样关照四面八方，才必须进化出意志这么个过程，进行最高控制。

意志单一性这个规律对所有人都适用，不光“小人物”，高级官员、企业家、明星、文豪都是如此。作为个体，他们在同一时间也只能处理一件事情。然而，人们认识到自己的意志单一性并不困难，却往往忽视别人也如此。特别对于“大人物”，总幻想着他们和神一样，能同时处理无数件事。比如粉丝就总认为，明星应该对自己的热情单独做出回应，否则就是不尊重自己。其实，明星根本没有精力单独应对成百上千的粉丝。

5 注意：意志的细节

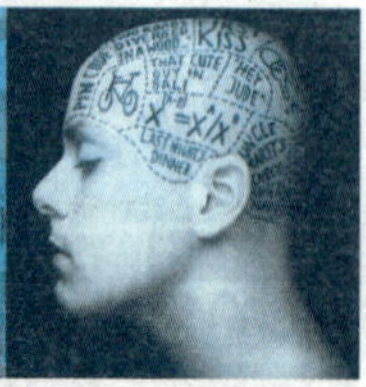

我们似乎经常看到意志的表现，它也被许多诗人和哲人歌颂过，但心理学家在研究意志时却产生了困难。很长时间里，意志不像认知、情绪和动作那样能被清楚地记录下来，能够加以统计和分析。日常生活里看似并不少见的意志，怎么在实验室里就找不到了呢？

其实，平时人们谈论的意志都是宏观心理现象。“寒窗十载”“坚韧不拔”“威武不屈”，这都是对某人多年生活经历的总评价，而心理学要从微观入手研究人。这样，在意志这个领域必须找到相应的微观对象才行。

这个对象就是注意。闭上眼睛心算一道题，这是注意。士兵立正站好等待军官检阅，这也是注意。要完成这些活动，都必须有种力量把整个身心统一起来，把干扰这些活动的其他活动压抑下去。

所以，意志就是一连串注意过程的总和，注意就是切割开来的一次次意志过程。

人们常把注意当成一种认知过程，甚至不少心理学家也这么认为，其实，注意的对象不是外部事物，而是自己的心理过程。比如，老师经常在课堂上提醒大家：“注意黑板！”这种说法约定俗成，大家都能理解。但你仔细想想，怎么才能“注意黑板”呢？你要努力维持脸朝黑板，视线保持在板书上这个动作才行。

所以，你不是在“注意黑板”，而是在注意“看黑板”的动作。这听起来有些绕弯子，但如果你能把这个弯子绕过去，就能理解“意志”的真谛。它是心灵的司令官？不错，但是，司令官能做的不是直接打击敌人，而是指挥自己的军队，由部下完成任务。意志只能直接作用于认知、情绪和动作这些心理过程，再通过这些心理过程去影响外部世界。

这和司令官的工作性质相同。

与认知、情绪和动作相比，注意过程非常简单，只有两种，一是注意集中，即把身心集中在一个心理过程上。你试着选择本书中的某个字，把视线对准它不离开，这就是注意集中。

注意力就是意志的基础

这时你会发现，任凭你怎么努力，注意总要游离开一会儿，再集中，再游离，循环不已。这叫注意起伏，也是正常的心理现象。当你把身心集中于一点时，就等于把弦绷紧了。你的精神当然不能总紧绷着，它会自动调整一下，以避免被绷断。这就产生了注意起伏。

二是注意转移，即将身心从当前活动转移到其他活动中去。有时候这很容易，比如老师一宣布下课，同学们就蜂拥而出，从“听讲”转移到“游戏”。有时候这会很难，比如从电脑游戏里转移到作业。

如果注意不断在两个活动之间切换，这叫注意分配，它实际上是由一系列短暂的注意集中和注意转移组成。生活中我们经常需要注意分配，这个过程能完成的关键，在于至少有一种活动可以凭熟练动作便能完成。比如有人边开车边打手机（笔者不提倡这样做），开车就是熟练动作，用手机和别人谈话则需要思考。

如果同时进行两种类似的活动，注意分配就要容易一些。一名主妇在厨房里一边切菜，一边照看灶上的锅，这比一边切菜，一边解立体几何题要容易很多。

6 意志怎样管认知

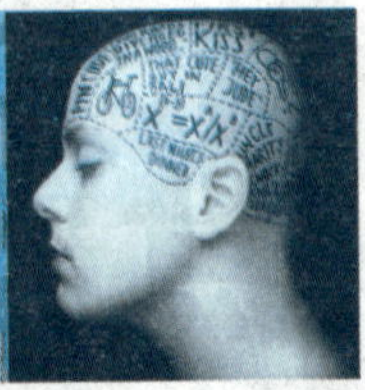

既然意志是个“司令官”，它就要管理其他三种心理过程。首先，意志要管理整个认知过程，让它们为当前的需要服务。

每时每刻都有大量信息通过感官进入我们的精神世界，但意志会对感知过程实施控制，让它们为当前目标服务。这时候就形成了观察、倾听、嗅探、品尝、触摸等感知活动。它们以感知过程为核心，但同时要包含动作。

我们同时有多种感官吸收外界信息，注意力会集中在一种感官上，而让其他感官的作用退居二线，视而不见、听而不闻。比如品尝一道菜的时候，眼睛并没有闭上，耳朵也没有堵上，但我们的精神集中在味觉上。如果你读这本书，读到听不见有人叫你的程度，说明你的注意已经高度集中在视觉上。果真如此，对于笔者来说就是个奖励。

当注意集中在一种感官上时，其他感官不会完全放松，而是保持警觉状态。有时候信息来源多样化，需要多个感官配合，比如在丛林中搜索敌人，眼睛和耳朵都要保持警觉。但在这时，注意是在眼和耳之间频繁切换。

一般来说，我们大部分时间都在进行有意识的感知活动，而不像街头监控镜头那样，让信息自发飘进我们的感官。

意志也会控制记忆过程。如果你家附近有商店长期播放一支曲子，时间久了它就会在你脑子里盘绕，这叫无意识记。但是当你有意识地去识记某个对象时，就形成了有意识记。学生最重要的工作就是对知识进行有意识记。

听觉和视觉都可以用来识记文字符号。不过，听觉通道的效果往往高于视觉通道。所以教师鼓励学生大声读出英语单词，而不是在脑子里

脑力劳动就是受意志控制的认知

默记。当你听到一个电话号码，想马上找张纸把它记下来，你最好不停地复述它，单凭默记很容易记错。

我们平时会浮想联翩，脑子里不停地产生各种形象，这叫无意想象。但对于设计师、画家、摄影师这些人来说，他们要有意识地构思画面，这便形成了有意想象，即由意志控制的想象。高中课程里的立体几何最能体现有意想象，其中有不少题目要求你在脑子里，把书面给出的图形翻转、变形。

我们经常会在脑子里想很多事，东一下，西一下，这是自发思维。但是注意会把我们的思路拉住，用于思考当前问题，这时候产生的思维就叫指向性思维，即指向一定目标的思维，它是学生生涯中另一种主要的心理活动。有意识记和指向性思维，构成了学生们每天活动的主要内容。

当意志对感知、思维、想象和记忆进行控制时，就产生了人们平时说的脑力劳动。这些活动有目标、有评价标准、有产出，需要付出艰苦的心智力量。时间长了还会头昏脑涨，它是意志过程消耗脑力的体验。

7 意志怎样管动作

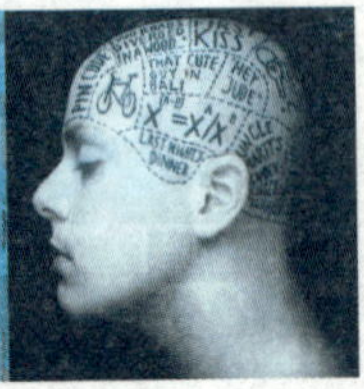

人体有数百块肌肉，其中有些受神经系统直接控制，可以随意运动，叫作随意肌。这是意志控制动作的生理基础。

绝大部分随意肌都是骨骼肌，但两者也有细小的差别。比如耳壳肌也是骨骼肌，但只有个别人能有意识地操作它，让耳朵像兔子那样耸动。而调节眼球的睫状肌人人都能支配，它却是平滑肌。

大家来做个小游戏：把舌头伸出口腔，再延纵轴卷成一个筒。我能做这个动作，你有可能做到，也有可能做不到。这是一种遗传特性，做不出来的人，怎么训练也做不到。

随意肌并非只有意志支配的时候才运动。当人们睡眠时，意志基本消失，但是随意肌仍然可以做动作。我们在睡眠中呼吸、说梦话、翻身，都需要随意肌参与。

在清醒状态下，意志也不用去管理大部分随意肌，而主要去控制与当前任务相关的肌肉。当你在马路上行走时，你不需要指挥自己“迈左脚”“迈右脚”，但当你需要转弯或者避让时，就需要有意志参与了。

再比如你躺在床上集中精力读书，你的身体也在自动寻找舒适的姿势，一种姿势待久了，还能自动调节一下。这都不需要你的意志参与。有的时候，你在听音乐，忽然发现脚在和着旋律打拍子。

在似睡非睡的时候，随意肌会因为脑子里的想象而突然做出动作，比如挥手、翻身等，还会把自己吓一跳。这种现象很神奇，但并不神秘，它叫“念动”。

体育心理学家曾经研究过念动现象，他们让运动员拿着一根串上针的线，把针垂直于桌面上的十字交叉点悬着不动，然后闭上眼睛，想象这根针在交叉点周围旋转，但不能指挥手指肌肉牵动线去旋转。当运动员集中注意力想象动作时，针果然能够旋转起来。这是肌肉受高度集中的想象影响，自发产生了动作。

长期以来，人们觉得念动现象里面有某些神秘的因素，它成为不少迷信行为的基础。

说到这里，我再聊聊经常出现的“迷魂药”传说。似乎有些化学物质能剥夺人的意志，让他的身体按照别人要求去做动作，比如到提款机上提款。个别案例中，受害者声称自己中了“迷魂药”，回到家取出银行卡，出来交给对方，甚至陪对方到银行取钱，送到对方手里，等离开坏人后，自己就清醒了。

到目前为止，尚无一例“迷魂药”案例被警察调查为实。确实有人用乙醚等药物将受害人麻醉后抢劫，也有人用防身胡椒粉实施抢劫。但这些药物只能暂时使人失去抵抗力，是麻醉剂。而那种让人受他人控制的“迷魂药”，到现在也没有被证实。警方发现，不少人利用出售“迷魂药”的名义诈骗，经化验只是氨水加上些无害的中草药。至于上面那些神奇的案例，只是受害人在亲友面前掩饰自己被骗的过程。

霍金的意志无法支配他的动作

8 意志怎样管情绪

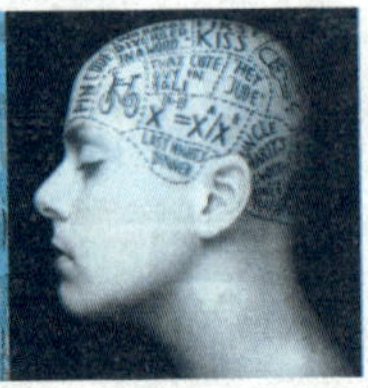

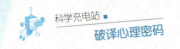

对于情绪过程，意志主要通过“压抑”和“释放”两种方式进行控制。压抑就是克制目前不宜表现的情绪，让自己感觉不到，释放就是把它转化到动作当中去。

比如一个学生被老师批评，心里产生不满情绪，但又不便顶嘴，便会努力克制，让自己感觉不到愤怒情绪。如果他被同学批评，觉得反驳几句也没什么，就会把愤怒释放出来，变成争吵行动。

婴幼儿不会克制情绪，任何情绪一产生，都会马上转化成自发表情释放出来。克制情绪就是意志成熟的一个过程。不过，意志对情绪的控制是自发养成的，没学心理学，人们也在控制自己的情绪，但如果你学了心理学，拥有关于情绪的知识，应该对情绪进行更有针对性的自我控制。

首先你要知道，临时对某种情绪进行压制，只是让它当下感觉不到，并不会让它彻底消失，比如你因为受到批评而对一位老师产生不满，当时可以压抑这种情绪，它就下沉到潜意识。日后你看到这位教师，总觉得他一举一动都很别扭，不痛快，却说不出为什么，这就是以前被压抑的情绪在起作用。

所以，如果你觉得脑子里产生一些莫名其妙的情绪，最好回忆它们产生的根源。情绪比认知更不容易骗人，你的爱和恨都有原因，只是这些久远的原因比认知更容易被忘记。

其次，释放并非只针对产生这种情绪的对象，也可以释放在其他对象上面，或者延迟释放时间。比如一个学生在老师那里受到批评，不敢回嘴，回去和同学大吵大闹，这就是愤怒情绪的转移。

又比如我们遇到伤心事，但又不便于当着别人的面痛哭，就会把

社会活动要求我们时时控制情绪

悲伤忍住，在没人的时候哭出来。这时候并没有什么事情让你伤心，你释放的是刚才产生的情绪。

所以，我们可以把一时的情绪存起来，然后在其他时候释放出去。至于时机是否合适，那就不是心理学的问题了，要由伦理道德来评价。迁怒于人，就是不合适的时机。在没人的时候哭泣，就是合适的时机。

意志能控制情绪，但情绪也会反作用于意志。人在情绪高度紧张时，意识阈就变得狭窄，注意到的事物比平时减少许多。这里的紧张是指人处于激情、甚至应激状态，可以是高度恐惧、极端愤怒，也可以是深度悲哀。生活中我们会发现，陷入深度悲伤中的人同时变得自私冷漠，不大关注其他人，这就是意识阈变狭窄的结果。

同时，情绪是否饱满也影响着意志力。在情绪那节我们说过，遇到疲劳、饥饿、疾病或者缺乏睡眠时，人的情绪也会低落。而处在这种情绪状态下，人的注意力便会下降。身体状态不佳——情绪低落——注意力下降，三者总是同时发生。

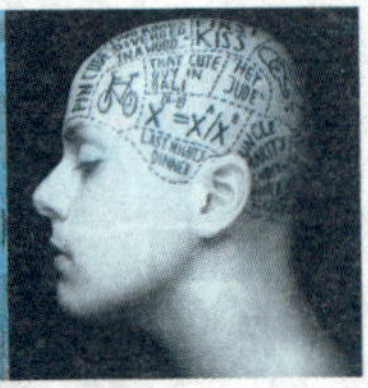

9 注意力可以这样练

“唉，我也想认真听讲，可就是老静不下心，容易走神。”

集中注意力，说起来十分简单的事，却向来是学生中的老大难问题。一个重要原因就是孩子们没有受过专门的注意力训练。家长和教师总认为伴随着孩子长大，他们的注意力就会自然成熟起来。注意力确实和人脑发育水平有关，一般成年人都比孩子容易集中注意，这也是个事实。然而这里面有个快与慢的问题。一样年龄的孩子，如果张三比李四的注意力更集中，他的学习效率就会更高，谁不愿意在发展注意力的“比赛”中获胜呢?

有的家长以为单凭说服教育就可以让孩子拥有注意力。其实，说服教育影响的是孩子的认知过程，注意力则是意志过程，前者不能直接决定后者。道理说通以后，还要专门地训练才行。

要提高注意力，射击类体育活动是最好的方式，它包括射击、射箭、投镖等项目。这是一类主要靠注意力取胜的项目，它们能把人注意力的高低直接用成绩表现出来，训练者能得到及时反馈。同时，对体力要求不高，很适应学习任务繁重的青少年学生。

自古以来，人们就知道射箭和训练注意力的关系。中国古代有个“纪昌学射”的故事。古人纪昌向神箭手飞卫学习射箭。后者没教他箭法，却要他先练不眨眼。纪昌躺在妻子的织布机下，盯着不断移动的梭子尖练习控制眼皮。这招学会后，飞卫又让他学“视物”，把一只虱子用牛毛挂起来，天天盯着它看，直到在自己眼里虱子像车轮一样大。再去看其他东西，都像小山一样大。接下来，纪昌根本不用学箭术，只要一开弓就能射中目标。这个故事常被现代人用来阐述学习应该刻苦的道理，其实它说的是典型的注意力训练。

注意力需要从小练起

射箭、射击和投镖也需要一定技巧，这里就不多讲了，只是从注意力训练的角度提一些建议。首先要持之以恒，注意力和任何心理能力一样，只有多练才能提高，长期不训练还有可能衰退。

练习这些项目，刚开始一段时间成绩会飞速提高，容易产生兴趣。很快你就会进入平台期，付出的努力不少，成绩却不上不下，这时最容易失去进一步前进的动力，导致放弃。如果遇到平台期，你需要咬咬牙把它坚持下来。

其次，要多参加射击竞赛。注意力的作用无非就是克制内外两方面的干扰。内部干扰包括焦虑、浮躁、紧张等的情绪，竞赛环境容易刺激人产生这些情绪波动，进而帮助你掌握克制它们的能力。多参加竞赛，比关起门来自己练更有针对性。

第三，要在人多、嘈杂的地方做这些活动。特别是投镖训练，器械你可以自己布置，最好把它放在环境干扰大的地方，这是为了提高注意力对外界干扰的压制水平。

六　活动，人生的长河

1 活动，人生的分子

你一定学过这样的知识：物质由分子构成，分子由原子构成。不过，原子虽然客观存在，但在自然界里却找不到孤立的原子。

心理现象也是如此。前面介绍了认知、动作、情绪和意志四大类心理过程，但在现实中它们都不能单独存在。当你产生某种情绪时，肯定也在观察周围事物。当你思考问题时，肯定也在做动作，动作又随时都在引发相应的情绪。

意志作为心灵的司令官，更不会当一个“光杆司令”。每时每刻，意志都会把某些心理过程凸显出来，把另一些压制下去。如此说来，意志一定要和其他心理过程共同出现。

这些心理过程，堪称心理的原子，那么，分子层次的心理现象又是什么呢？

现在请你回忆今天的生活，从起床到现在都做了什么？洗漱、早餐、出发、工作或学习、午餐……直到现在开始读这本书。后面你还会做一些事情，直到通过“入睡”来结束这一天。于是我们可以说，一天的生活是由你的一个个活动构成。

让我们像科学家研究物质结构那样，拿出一个活动来解剖。比如“吃午餐”这个活动，是由一次次进食活动构成的。吃一口菜，吃一口饭，再喝一口汤，然后再吃一口菜……循环不止，这些都是组成“进餐”过程的“分子”。

同时，这个活动不止有动作过程，他的感官在收集信息，这是认知过程。他的情绪随着食品的味道而起伏，这是情绪过程。他的意志更在控制整个活动。

于是，我们就找到了心理现象最基本的分子——由意志、认知、情绪和动作等心理过程组成的有意义的心理单元。怎么称呼这种单元？苏联心理学家把它称为“活动”，西方国家心理学家把它称作“行为”。对此，中国心理学界内部还没有统一。我在本书中使用“活动”这个概念，“行为”概念偏重于能看得到的外显动作，容易和“动作”概念相混淆。

苏联心理学家、活动理论创始人维果斯基

人们经常会外表平静，内心则有如惊涛骇浪。你看到过运动员在比赛中猝死的报道，那是因为体力透支，运动过量。然而也有观众在观看比赛时猝死的报道。观众的运动量肯定远不如比赛中的运动员，显然，是强烈的内心活动击倒了他。所以，单纯观察外显动作，不足以判断某人此时的整个活动。

为什么要研究活动？我们可以举这样一个例子来说明：高中生都要参加高考，高考总成绩可以分解为每科的考试成绩，每科成绩取决于学生在每一学期、每堂课上如何学习这门知识，分解为学生一天天，一堂堂课的学习活动。

一个人如何成为今天这样？以后他又会成为什么样？答案就在他每时每刻的活动中，这就是心理现象的分子。

2 活动中的认知（上）

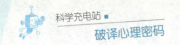

部分组成整体，整体决定部分，这个辩证关系也体现在心理现象中。既然活动是由认知、动作、情绪和意志组成的，那么活动也对这四种心理过程起到反作用。

前面我们介绍了孤立的认知过程。现实中，我们总是在活动中展开认知的。心理学家为此建立了一个概念，叫“具身认知”，意思是我们在用自己的身体，通过活动认识周围的世界。

活动决定着当下的认知内容。如果你要在书架上找本书，书脊上那些文字符号就成为你的主要认知对象；如果你要在公共场所找人，人的形象就成为你的认知对象；如果你听音乐，乐声就是你的认知对象。每时每刻，活动使我们的认知具有选择性。

活动中的认知具有整体性。当我们在现实中观察事物时，光、声、气味、震动等信息同时汇入各种感官，形成对它最全面的感受。同时，我们还要调动有关这个事物的记忆，并进行一定的思考。所以，多种认知过程同时形成对一个事物的认知。人们为什么会认错人？一定是在看到某人的一瞬间，把眼前的形象和记忆中另外一个人的形象进行了对比。

活动中的认知具有顺序性。客观世界在我们眼前先呈现什么，后呈现什么，取决于我们当前的活动顺序。心理学家发现，针对同一个对象，如果观察顺序发生变化，就会产生陌生感和新异感。比如，市中心有条商业街，以前你总是从西向东走过它，有一天你改从东面进入，再往西走，周围的景观就会呈现出新样子。有时候，仅仅改换交通顺序就会使人迷路。

活动中认知的顺序性，突出表现在“工作记忆”这个现象上。以

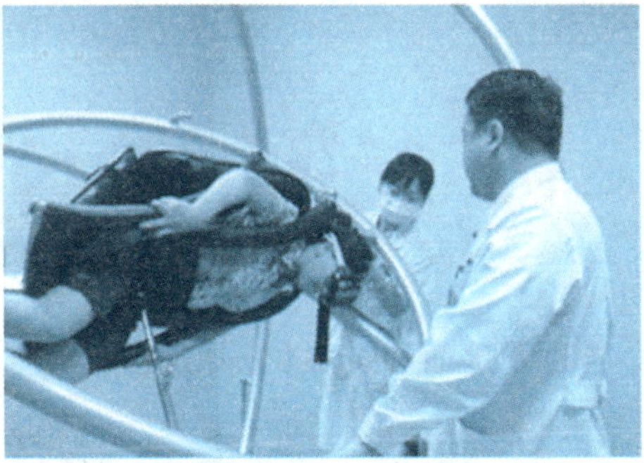

活动中的认知都有方向性

前心理学中讲的记忆，是对具体事物的记忆，记住一个人的长相，记住一个电码号码，它们不具有时间性。但是，生活中我们更需要记住一个事件的前后顺序，先发生什么，后发生什么，这就叫工作记忆。它不是对单个对象的记忆，而是由一系列图像、声音、气味甚至文字组成的综合回忆。

活动中的认知具有方位关系。我们在现实中都是边活动边观察事物，这样就能感受到我们和观察对象之间的关系。比如一个人要学会驾驶车辆，必须上车才行。只有置身于车厢里，你对外界的观察才能和汽车本身的状态结合起来。同样，我们的听觉、嗅觉，也都在提供我们与客观事物的位置关系。

警察办案的时候不仅要录口供，而且要带犯罪嫌疑人到犯罪现场，让他复述自己的犯罪过程。因为仅凭口供而不观察现场，就不能了解事件中每个人的方位关系。

书本上的文字是抽象的，现实中的信息是具体的。当我们阅读文字时，脑子里必须把它们还原成实际的东西。拖拉机、玫瑰花、黄铁矿……这些都是实际存在的物体，如果你亲眼见过它们，在读到这些词汇时就有丰富的联想，如果没见过，这些概念在你的脑子里就是空洞的。比如“呞哚美辛”这个概念，能引起你的什么联想吗？估计不能。

3 活动中的认知（下）

除了上面那些基本认知过程，活动还形成了一些新的认知过程。时间知觉就是一例，它不是对具体事物的知觉，而是人对客观时间长短的主观感受。时间知觉完全通过活动来形成，是人们对自身活动顺序的一种知觉。

客观上同样长短的时间，人们的主观感受并不相同，这要看你当时处在什么活动中。正在做自己感兴趣的活动，你会觉得时间过得飞快，反之亦然。等车、等飞机、等待考试，都是最难熬的，因为这段时间里没什么有意义的事情可以做。

人类也能通过观察别人的活动感知时间。一场精彩的比赛，观众会觉得时间飞快地过去，意犹未尽，而枯燥的比赛正好相反，其实两者时间长短是一样的。

由于人类要通过活动来感知时间，所以会形成一个有趣的规律，人的年纪越大，对长时间段的感觉会变得越短。如果去问十几岁的青少年，他们会觉得“三年”“五年”都是很漫长的时间，因为青少年很少有过跨度这么长的活动经历。

但成年人不同，他们会用“十年”“八年”，甚至更长时间来完成一件事。比如在一个行业工作十几年，结婚几十年。当他们拥有很多这样的经历时，就不会觉得三年五载算个什么。

所以，青年人和老年人相比性子总是比较急。他们希望一个活动“三五天”“一年半载”就有所收获。时间知觉这个规律会导致尴尬的结果——青少年有很多时间可以利用，但他们往往很性急。老年人时间所剩不多，反而遇事不抓紧。

效果认知，也是活动过程中产生的认知现象。效果认知就是对活动

时间在心理世界中充满弹性

效果的认知，它也是感知、记忆和思考的综合活动。

在生活中，活动效果有时清楚，有时模糊。学校考试和体育比赛是最容易获得效果认知的活动。相反，我们在社交场合说的话，在别人那里究竟产生什么影响，就很不容易知道。于是，人们更喜欢去做效果清晰的活动。比如工人喜欢拿计件工资，销售员喜欢拿提成，都是因为效果明确。

学校教育虽然一直强调道德教育的重要性，但它的效果认知远没有文化学习那么明显，所以总被师生所忽视。

活动不仅赋予认知以现实意义，还能提升认知能力。心理学家通过对非正常人群的研究表明，活动是提高智商的重要方法。他们研究了脑瘫患者，这是新生儿出生前后一段时间脑组织受创伤的结果。它的生理原因很清晰，到现在也没有很好的医药手段来改变，对于患儿似乎只能维持和照顾。现在，一些康复机构将活动训练加入治疗过程中，个别脑瘫儿童甚至可以完成简单的学习任务。

活动对老年痴呆症患者也有重大疗效。导致老年性痴呆的一个重要原因就是人到了老年以后，活动量大为下降。而爱活动的老人和不爱活动的老人，外观上都有明显差别。

4 活动中的动作

在动作那章里，我介绍了三大类共17种动作，它们在活动中并非平均分配、等量齐观，不同阶段会集中出现某些类动作。

一个完整的活动由三个阶段构成。首先是定向阶段，即把身心状态调整到当前活动上来。这个阶段里辅助动作非常多，特别是寻找、发现、选择动作集中在该阶段。比如在进餐时，第一阶段就是把食物摆放到餐具里，把餐具摆放到餐桌上，再让自己坐在特定位置上。

其次是执行阶段，即完成该活动主要任务的阶段。这时主要做出必需动作，比如在进餐时，你就可以观察到反复的空运、握取、实运和释放。当然，你也可以用日常词汇还原这些概念——把饭菜一口口放到嘴里咀嚼。

最后是反馈阶段，通过效果认知，确认活动是否完成既定任务。这时候又要以寻找、发现之类的辅助动作为主。

日常生活一个活动接一个活动，但在两个活动之间会有过渡阶段，身心状态从上一个活动调整到下一个活动。这个阶段有可能短到几乎不存在，比如下课后，大家立刻就开始“步行回家”活动。也有可能增加一个休息阶段，比如吃完饭坐一会儿，聊聊天，再开始做其他事。而休息正是第三类动作：间隙动作。

所以，活动的顺序决定了什么阶段以哪类动作为主。

人类活动因偏重认知还是动作的不同，分为脑力活动和体力活动两大类。产生认知成果的是脑力活动，直接改变物质形态为主的就是体力活动。据统计，在工业革命到来前，体力占人类使用的自然力的绝大部分，现在则不到1%。即使是流水线上的工人，体力劳动强度也在逐年下降，而以认知为主的脑力工作，重要性逐渐提高。

如今，除了竞技体育、演艺等工作外，直接以动作为主的劳动越来越少。然而，动作与其他心理活动在劳动中并不能截然分开。比如我写这本书，主要是通过脑子构思，但用手指击键这个动作必不可少。而赛场上运动员主要靠动作获得成绩，但也要判断比赛进程，构思取胜之道。

即使脑力活动，也会使用一些基本动作。眼肌动作就是典型，它几乎不为人所察觉，但我们完成寻找和发现，必须使用眼肌调整眼球。脑力工作者使用最多的肌肉就是眼肌和颈部肌肉。由于它们是小肌肉群，平时往往不为人们所重视。希望大家从现在起就养成对这两部分肌肉的保健意识。

动作在整个活动发展中起到基础的作用。苏联心理学家经过长期的研究活动，他们提出“内化”的概念，认为成年人的内心活动在婴幼儿时期都是外显动作，慢慢才“内化”成内心活动。比如，婴幼儿的数字概念是靠手搬弄物体形成的，现在幼儿园孩子学习算术，还要用拨弄教具来完成。

文字也是一样，我们通过用手书写来认识字形，很长时间以后才能在脑子里用符号思考。一些智力较差的人习惯唠叨，或者自言自语，他们是在用说话的方式帮助思考。美国心理学家华生甚至认为，思考最初就是喉部肌肉的隐蔽动作。

人类在幼年时代靠动作来思维

5 活动中的情绪

人在活动中会产生与之相关的一系列情绪体验，它们推动或者阻碍着动作进程。

活动中最重要的情绪是兴趣，即对当前活动的积极态度，比如，大部分学生对游戏娱乐感兴趣。但我曾经认识一个男生，无聊的时候就打开英语词典，背几个单词当娱乐。

压力也是与活动有关的重要情绪。它和兴趣一样推动你的活动，但主观体验相反。兴趣给你愉快体验，压力则是不愉快的体验，但是，不愉快并不意味着压力是坏东西。如果你对一个活动并无兴趣，但客观上又需要去做，那么有压力也是必要的。既无兴趣也无压力，人就完全不会开始一个活动。

心理障碍也是与活动相关的情绪，它是人们针对特定活动产生的负面情绪，特别害怕做这件事，担心失败。人往往因为克服不了这些心理障碍，放弃某种活动，或者拒绝接触某物。

心理障碍并非一定是坏事。如果你害怕盗窃后被警察抓住，这种心理障碍当然是必须的。法律能起作用，就在于让人对犯罪行为产生心理障碍。有时，一种活动恰恰是当事人需要做的，但因为害怕失败而不敢做出。比如运动员经常因为担心受伤，而不敢再做某个关键动作。

心理障碍不是“心理疾病”，它没有生理原因，也不需要治疗。每个人多少都会对特定的活动产生心理障碍，如果你觉得自己内心很强大，什么都不怕，那么试着尝尝昆虫或老鼠做的菜如何？

成功体验也是活动中产生的重要情绪，它是由于一次完整活动而产生的愉快情绪。心理学上的“成功”和社会意义上的“成功”不同，它是个中性概念。只要一个活动能完成，并取得效果，就是成功。比如人

我们需要对成功的体验

们买一件东西、吃一顿饭，都会获得少许成功体验。有的人事业受到挫折后特别想买东西或者大吃一顿，就是在用成功体验驱逐挫折感。因为买东西和吃东西都是很容易办成的事情。

又比如，很多青少年上网，是因为在课堂学习中很难获得成功体验，而在网络社会里比较容易得到。成年人的宠物热也与成功体验有关，与人打交道要比喂养宠物难得多。

与成功体验相反的情绪就是挫折感。有三种情况会产生挫折感：一是想做却不能做，活动无法发起； 二是活动开始了，却在半途停止；三是活动做完了，却没得到想要的结果。

有趣的是，第二种情况下造成的挫折感往往最大。甚至，很多事情做到半截，当事人已经知道它不会带来益处，但就是不愿意停下来。所以，如果你想阻止别人做一件事情，最好让他根本没机会做，一旦他已经开始这个活动，想阻拦是很困难的。

一个世纪前弗洛伊德就发现，病人对早年生活印象最深的就是那些伤害性事件。至于以前经历过的快乐事件，反而很难回忆起来。后来，心理学家契可尼用实验证实了这一现象：人们更容易记住被别人中断的活动。

6 活动中的意志

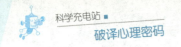

前面说过，意志是其他心理过程的守门人。那么，这个守门人放谁出来，关谁的禁闭，依据什么来选择呢？答案就在这里，意志控制其他心理过程，是为了更好地完成当前活动。换句话说，一种心理过程如果有助于当前活动，就会被意志释放出来，阻碍当前活动，意志就努力去克制它。

在活动中，意志要对认知施加控制，让它只吸收和加工与当前活动有关的信息，并努力排除其他信息的干扰。比如我们判断一个人是否“走神”，不在于他联想到什么，而在于他是在什么活动中联想。如果在课堂学习时想起一部电影，这叫走神。在电影院售票厅里想起一部电影，这是与当前活动有关的联想。

如果外界干扰过大，比如出现一声巨响，或者一道闪光，意志的作用会暂时被打破，形成心理学上叫作无意注意的现象。我们会被吸引去关注那声巨响，或者那道闪光。

不过，无意注意通常为时很短，不管这些突如其来的信息对我们有无影响，接下来又会进入意志的控制范围。我们会主动开始寻找动作，去了解声或光的来源，如果有问题，我们会中断刚才的活动，开始新的活动，比如紧急避险，如果我们发现没什么大问题，又会把注意回到刚才的活动中来。

意志会随着活动不同，在内心活动与外显动作中切换。在以脑力为主的活动中，我们的注意力会集中在认知上，甚至会为此追求安静的环境，以便减少干扰。而在以动作为主的活动中，我们的注意力会集中在动作上，追求动作的准确和高效率。

当人完成一次激烈运动，比如从火灾现场逃跑出来，再回忆刚才那

艰苦条件方能展现意志品质

段时间，会发现脑子里空空的，没有什么记忆留下。最典型的例子是学生之间发生打斗，事后老师总爱问：打架的时候你脑子里想什么啦？学生往往回答不出来。其实，人在打架时注意力都集中在动作上，脑子里很少有什么想法。

现实中的各种艰难险阻，只有在我们进行相关活动时才产生影响。比如一座很陡的山，如果我们根本不去爬，山势是否险峻就变得无所谓。一道很复杂的习题，如果你不去做，它难不难也就无所谓。所以，困难只有在活动中才真正体现出来，而意志力也只有在活动时才能起作用。

这个规律告诉我们，只有活动才能提高意志力，如果不参与活动，无论背诵多少名言警句，接受多少有关意志力的说教都没有用。

刚才说的主要是注意集中，注意转移也能体现意志力。通过注意转移机制，我们会让自己从一个活动中离开，进入另一个活动。这时候，意志要对抗的主要是兴趣，是快乐情绪。现在大家都在讨论网瘾问题，有人认为它是种病，其实就是注意转移能力不足，不容易让自己从兴趣更高的游戏转移到兴趣较低的其他活动。

7 分子活动和整体活动

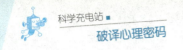

现实中的活动规模有大有小，时间有长有短。既有求学、恋爱、工作、交友这样的大事，也有吃饭、睡觉、散步这样的小事。小活动组成大活动，大活动组成更大的活动。比如“就餐”由“进食”组成，而“保持营养”则由许多次就餐组成。“逛街”由“步行”组成，而“休息”则是由逛街和其他相关活动一起组成。

至于那些贯彻人生许多年的重大活动，如婚姻、事业等，都由许多按天、按小时，甚至按分秒计算的小活动来组成。

活动是具有意义的心理单元，但这个意义有大小。于是，心理学家把具有最小意义的那些单元称为分子活动，又叫“小件活动”。后面这个翻译我觉得很别扭，仅供参考，不推荐使用。而由它们组成的更大层次的活动，称为整体活动，又叫“大件活动”。

让我们观察几个分子活动：

你拿起杯子，喝了一口饮料，觉得不好喝，就把它放下。

你拿起书，看了一句话，又觉得心里烦躁不想看，就把书放下。

打开电视某个频道，看了一眼觉得没意思，就更换了频道。

……

这些都是最小的活动单元，它们可以单独存在，也可以与“喝许多口水”“看许多页书”“看许多个电视频道”联合，形成更大规模的活动。

有时，一个整体活动可以在空间和时间上分开。比如，人们下班前会把没做完的工作放下，第二天上班时接着做，中间会间隔许多个人生活活动。

更大规模的活动不仅在时空上不连续，他人根本无法持续观察。

只看行走，不能知道人们走向何方

很多时候，这种活动只有当事人自己记得它的前因后果，来龙去脉。比如“张三在谈恋爱”“李四正在创业”。“恋爱”“创业”都是他人难以观察记录的整体活动。

正因为如此，心理学家和普通人相反，更愿意研究那些可以直接观察的分子活动。而日常生活中，人们却更愿意谈论婚姻、恋爱、事业、交友这些大事情。有谁会坐在一起，研究别人走路的姿势呢？

不过，虽然一般人更愿意谈论大事情，但是他们未必真正系统观察和记录这些整体活动。因此，普通人对人生大事的谈论往往空洞、泛泛，评价多于认识。

但是，心理学家就完全不研究这些大事情吗？如果这样，心理学就会与现实脱节。所以，我们会看到心理学家在研究下面这些课题——《“5·12”地震前后灾区大学生生命价值观比较》《变革型领导对下属进谏行为的影响：组织心理所有权与传统性的作用》《不同出生年代的中国人生活满意度的变化》。这些研究都不是通过观察一两件事能够完成的。

美国有个心理学课题，研究儿童时期各种因素对其成长的影响。要从研究对象还是孩子起，一直观察到他们长大成人。最长的一个对象被连续观察了近30年！心理学研究的辛苦可见一斑。

8 成功、成长与快乐

活动是拥有独立意义的心理现象单元，反过来，人为什么做一个活动，如何做这个活动，也是由该活动的意义所决定的。日常生活中存在着各种活动意义，学习是为了吸收知识，做生意是为了赚钱，打仗是为了消灭敌人，娱乐是为了获得快乐感，交朋友是为了排遣孤独，驾驶车辆是为了把人和物送到目的地……

如果一一列举的话，各种活动意义恐怕能列出几千几万条。心理学家不会逐个分析具体的活动意义，那要由各行各业的专家来完成。但是，心理学家会把活动意义划分成几大类，研究它们如何影响活动本身。

每个活动——我说的是每一个——都同时存在三方面的意义。

首先，它要完成一个具体任务，这是活动的功利意义。如果有个人匆匆走过，那么他肯定是要到什么地方去。如果一个人在餐桌上狼吞虎咽，那他肯定是肚子饿了。清醒状态下，我们的生活中填充着各种任务，完成上一个任务，就开始下一个任务。即使你有段时间闲着没事，这也构成了一个任务——你要找事情来做，以便消磨时间。在车站经常看到人低头摆弄手机，那就是在完成“消磨时间”这个任务。

其次，每完成一次活动，你的身心就会对这个活动过程更熟悉，经常做同一件事，你对这个活动就会很熟悉。这是活动给你带来的成长。很多时候，活动带来的身心成长很微小，你可能都没有注意过这种提高，但它们是存在的。比如人人都会和别人交谈，成年人就比年轻人更会说话，这是成千上万次交谈积累的成长。

活动还会给你带来各种情绪体验，并可归结为“愉快”和“不

为了成功，我们经常要放弃快乐

愉快”两个方向，追求能够带来快乐的活动，回避产生痛苦的活动，这就是活动的快乐价值。当然，这里面还有程度的区别，有些活动让你非常愉快，有些活动平淡如水，有些活动你必须硬着头皮去干，有些活动别人逼着你做，你都不愿意做。

每个活动都存在这三重意义，如果一个活动既收获了成功，又让你获得成长，还令你快乐。比如一名运动员参加比赛，既获得了第一名，拿到奖金，又积累了大赛经验，还因为获得冠军而快乐。这当然是件大好事。不过在大部分活动中，这三重意义却是矛盾的。处理三者间的矛盾，成为人生的一大难题。

很多家长不让孩子干家务，其中一个理由就是孩子家务活做得不利落，效率低。在这个常见的生活场景里，我们就可以看到两种活动意义的冲突。让孩子做家务是为了锻炼他的生活自理能力，但孩子又确实做不好家务，功利效果差。家长必须在这两个意义中权衡、取舍。

在职场上，很多人做得久了，就觉得眼前的工作没意思。但为了能挣工资，还不得不去做。这是功利与快乐意义发生冲突。

9 技能——人类的活动程序

读高一时，我的数学老师是一位区级优秀老师。他其貌不扬，说话口音还很重。不过他业务非常熟，每次捏着一根粉笔就上课，对学生的问题对答如流，在大家心目中威信很高。

不过这位老师没教完那学期的课，就被调到区教育局里当领导了。过了一年，老师回到我们学校搞调研，正好来听我们班的课。我还拿数学难题去问他，老师却说，已经一年没接触，不熟悉了。

那是我第一次发现，特别高超的技能也会退化，从此对技能这个心理现象特别感兴趣。所谓技能，就是有目标的、程序化的、必须学习才能掌握的活动方式。它有别于先天的条件反射，也有别于后天养成的个人习惯。

人的心理过程有认知、动作、情绪和意志四大类。情绪是活动的能量，意志是活动的控制阀，而认知和动作，则是活动的内容。所以，技能也分为以认知为内容的心智技能和以动作为内容的动作技能。前者包括阅读、计算、构思、推理等等，后者包括书写、演奏、驾驶、打字、使用机器等等。

以认知为内容的技能也包括一定的动作。比如人在阅读时以坐姿为多，但动作不是决定性的。以动作为内容的技能也包括一定的知识，给运动员讲生理学，有助于他提高动作技能，但最主要的还是训练动作本身。

学生上学，名义上是学习知识，实际上是学习以摄取知识为目标的各种心智技能。阅读、理解、计算等等，都是心智技能。甚至考试都是一门技能。擅长考试的学生平时更善于猜题，在考场上更容易放松，水平发挥得更好。而这些人工作以后，并不一定对知识运用得最好。

技能最重要的特点就是“用进废退”，每种技能都必须长期训练才能获得，如果有很长一段时间不用，技能就会消退。这个时间根据不同技能而定。骑车驾车这类动作技能，即使几年不用，再需要使用时，稍加熟悉就能恢复。但像计算复杂数学题这样的技能，很快就会忘记。当年老师经常讲这么一句话：将来你们中许多人会把知识还给老师。意思就是应付考试以后，不再使用那些心智技能，它们很快就衰退。

然而，技能衰退并非退到出发点。实际上，练习过的技能多少会保留一些痕迹。当我们重新学习十几年、几十年不用的技能时，会比第一次练习用的时间少，这个现象叫“重学节省”。

技能是人类社会长期积累下的，随着时代的发展，经常会产生一些新技能，淘汰一些旧技能。比如，虽然史书上说古人能够“钻木取火”，但你们见过谁还会这种技能？就连如何使用烧煤的炉子，现在很多90后都不会了，因为从小就没接触过。但说到与电脑、手机、网络相关的技能，新一代总比老一代更容易掌握。

技能是人类社会的瑰宝

10 如何安排轻重缓急

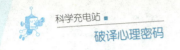

前面说过，当我们把观察时间缩小到一定程度时，会发现人的意志在每个时刻上只能监督一个心理过程，顾此则失彼。活动除了有意志指挥，还由动作完成，而动作可以是惯性的。即使如此，人也不可能同时完成多个任务。心理学实验多以单任务和双任务为主，就是这个原因。

于是我们可以得出结论，人在同一时间段里最多完成一两个任务，再多的任务只能交替进行，这就是活动的线性规律。然而，现实世界却不会考虑这个规律，同时将许多任务赋予同一个人。我们要同时做好工作，并照顾好家庭，还要兼顾学习和交友，等等。

即使不考虑物质资源，不同的活动也在竞争你的心理资源，你的精力和时间必须在不同活动中分配。其中一些活动相辅相成，比较容易放在一起进行，比如学好数学有助于你学习自然科学。有些活动则彼此矛盾，比如，学习和娱乐就不能放到一起进行。

当你面对这些复杂现象时，就要掌握时间管理的技能。你要把眼前的活动按照“紧急——不紧急”“重要——不重要”两个维度进行划分。有些事情紧急而且重要，比如遭遇车祸受伤，必须马上到医院检查治疗。有些事情紧急但不重要，比如大小便并不是致命问题，但强忍大小便就会影响工作和学习。

还有些事情重要但不紧急，对于高一、高二的学生来说，高考就是重要但不紧急的事情。为高考做的活动会分散在两三年中进行。与父母处好关系，也是重要但不紧急的事。而在公车上踩了别人的脚，虽然不重要，但必须马上道歉。

当然，还有些事情既不重要，也不紧急。比如玩游戏，吃零食。

当你把手边的事情划分成四个区间后，首先要做的是“重要而且紧急”的事，这些事情不解决，立刻会影响你后面的各种活动。比如生了大病就必须住院，其他事情都要为此让路。

然后该做什么呢？接下来是“紧急但不重要”的事情，吃喝拉撒都属于这类事情，它们每天都要进行，看不出有多大意义，但到了时候不吃不喝，却会影响下面的活动。

再接下来，才轮到“重要但不紧急”的事情。升学、就业、结婚都是极其重要的事情，但它们又急不得，必须一步步进行。

最后，如果有时间，才能轮上既不重要也不紧急的事情。

这个日程表告诉我们一个有趣的道理，我们总是关注那些重要的事情，其实它们往往被排在后面，人生琐事才占用了我们大部分时间。即使是大人物、即使是历史名人，他们做那些影响世界的“大事”所花的时间，也只是其人生中很少的一部分。

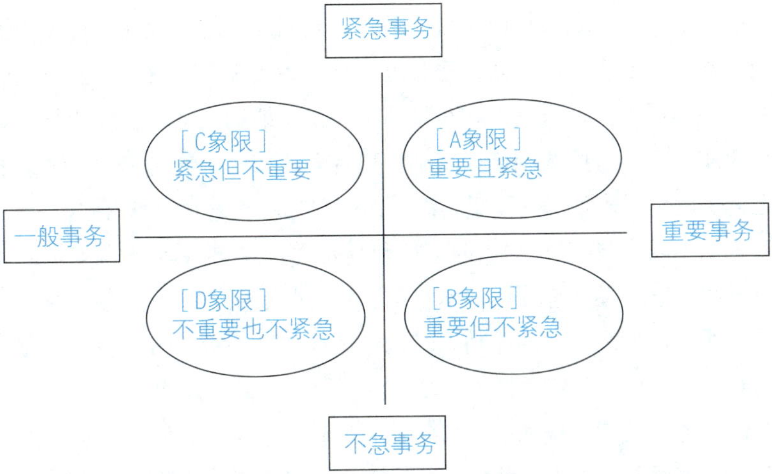

七 情境，活在当下

1 永远的舞台剧

电影、电视、话剧、小品……这些艺术作品你肯定看过许多。它们的共同特点就是一幕戏接着一幕戏，从这幕到下一幕，要更换场景和道具。我们的现实生活也差不多，每个活动都构成一幕戏。不过，艺术作品里演员要在布景里活动，而我们的真实活动在什么舞台上进行呢？这个舞台在心理学上叫情境，指与当前活动有关的全部客观事物及其组织状态。

“情境”这个词最早便来自艺术界。人们要表演一台戏，总要在舞台上摆一些和情节有关的东西，演员也要拿一些用来表现故事的东西。这些东西不会随便安排，道具师和布景师总要精挑细选，把对表现情节最有用的东西放上来。有些戏剧比如京剧，舞台上的东西十分简单，一张桌子，几把椅子就可以表现一间屋子，演员的表演也只与这些道具有关。

生活中当然没有道具师和布景师跟着我们，你的活动本身就是道具师和布景师，它自动从你周围的事物中选择一些东西，放弃一些东西，回避一些东西。比如当你要温习功课时，会选择安静场所，回避喧闹环境。打球的时候又会离开教室，进入操场，放下课本，拿起篮球。

最早把“情境”概念引进科学界的是教育学家。他们发明了“情境教学”。由教师人为创造一种场景，让学生在里面展开活动，形成体验，帮助学生理解教材。这时候，老师就成为道具师和布景师，还要兼当导演。

后来，心理学家把情境概念引进实验心理学，用来描述实验中创立的人造环境。比如第一章里那个有关“空间快照”的实验，需要围出一个封闭空间，那就是心理学家搭建的，现实中不会有那种环境。实验情境里要

随着学校开展情境教学法，情境这个概念逐渐被人熟悉起来

摆放哪些物品？被试该如何活动？实验心理学家要精心设计。这时，心理学家和布景师、道具师干着相似的活。

当我们理解别人的语言文字时，要注意语境，这也是情境的一种。说话就是一种人类活动，人每讲一句话，都和讲话时的具体情境有关。他在对谁讲？针对什么事讲？这构成了一句话的语境。把一句话从原出处提出来，放到别的语境下，意思就会歪曲。比如，“我很欣赏你，如果你不是这么笨的话”。这是一句讽刺。如果去掉后半句，只保留前半句，就成为一种夸奖。

20世纪40年代，德国心理学家勒温最早指出情境的作用。不过，他从物理学借了一个词——场，创造出“心理场”这个概念，来指示具体影响个体活动的全部外界事物。勒温在讲课时喜欢在黑板上画示意图，解说一个人面对的各种“心理场”。因为这些图都呈蛋形，同行戏称为“勒温的鸡蛋”。

现在，心理学普遍使用“情境”这个更为心理学的概念，取代“心理场”这个从别处借来的早期概念。

2 任务与时间

在戏剧影视里面，每幕戏都要有一个矛盾冲突，大家关注这个冲突如何发展，如何解决，或者怎么变化为其他冲突。生活也是这样，一个情境的本质不是人在哪种场合下活动，不是他在屋子里还是在街头，而是他正在解决什么问题，完成什么任务。

一位主妇做饭时发现没有酱油，于是从屋子里出去，到街头，进商店，购买后再返回，途经多个场所，而任务只有一个。反过来，一个学生在教室里，这节课上英语，下节课学数学，身体没有动地方，但任务完全不同。

心理学实验更是以任务为核心，心理学家围绕着任务，组成相应情境让被试在里面活动。为了观察时尽可能客观，有时候还不告诉被试真正的任务是什么。

时间线是理解情境概念的又一个关键。仔细回忆你会发现，当你进行一个活动时，周围环境里只有少数事物和这个活动有关。当你进行下一个活动时，又是另外一些事物和该活动有关。当你刷牙时，牙刷、水杯、牙膏、盆、池参与你这次活动。刷完牙你去吃饭，尽管牙刷这些东西还在洗手间，但与你现在的活动无关了，而餐具和食物又成为你现在活动的道具。当你拿起我写的这本书，其他事物又都退到背景中去了。

情境永远是指当前情境，即一个活动开始时的情境。人类活动永远是针对当前情境展开的。如果我们考察某人的某个活动，就必须了解他当时面对着什么。这是心理学教给你的重要原则：不知道一个人当时面对什么，就不能准确评价他的所作所为。

虽然都有个“境”字，但“情境”概念有别于“环境”概念。同一座城市里出来的市民，同一所学校毕业的学生，甚至同一个家庭里出来

情境一直被时间所改变

的兄弟姐妹，他们之间都会有明显的性格差异，而他们生活的环境并没有多少差别。原因就在于他们每时每刻所处的情境不同。

平时我们讨论人，多使用环境这个词。环境的资料容易记录，翻开某人档案，会看到他上过哪所学校，在哪里工作，这都是环境因素。但它对于个人来讲是抽象的，间接的。情境不容易记录，但对于个人来说，情境才真正影响到他。

从时间角度看，情境特别像戏剧里的场次。传统戏剧要分场，一场戏代表一个小情境。人都是自己生活的主演，不断从一场戏进入另一场戏，只不过每出戏的时间差别很大，可以短到几分钟（如去杂货店买瓶酱油），长到几小时（如参加一次关键的考试）。

司法人员在考察情境时非常严格，他们要研究一个行为是犯罪还是失误，如果是犯罪，到底是出于什么动机。为了搞清这些问题，通常是几分钟的行为，要整理出厚厚的案卷，其中很多资料是记录该活动发生时的周围环境。有时候，司法人员还要回到当事人行为发生时的现场去勘察。

当人们翻看史书时，经常为历史人物感慨：他们当时为什么这样做？他们如果不那样做该多好？这时人们就犯了脱离情境评价活动的错误。史书限于篇幅，主要记载历史人物的活动本身，对这些活动展开时的各种条件介绍较少，甚至完全不记载。这样写当然可以，但是大家经常看这样的史书，就会有“我如果是他一定不会这样”的错觉。

3 舞台上面有什么

每个情境里都包含不同的客观事物，根据对活动的影响，可以把它们分成三类。第一类是活动空间，相当于舞台上的布景。第二类是活动对象，相当于舞台上的道具。第三类是他人活动，相当于舞台上主人公之外的角色。

活动空间是指一个活动展开时，周围环境里各种影响到该活动的因素。活动空间里最重要的因素是活动场所，指人们进行日常活动时有各种物质设施的实际单元，如课堂、快餐店、阅览室、体育馆等。每个地方提供特别的活动条件，你要读书学习，到超市显然不合适；要想锻炼身体，在课堂里肯定不方便。

活动场所是客观存在的，但它们在具体活动中起到的作用并不相同。比如路边有家商店，当你去购物时，它就是你的购物情境。如果你去避雨，或者你在那里与别人约会，它就不是购物情境。

同样是这家商店，你分别进行购物、避雨或约会活动时，对该商店的观察和利用是不同的。避雨的时候，你主要在门厅一带活动，很少深入到它里面。约会的时候，你也不会关注商店里的商品，而是看附近的路人。商店的环境并没有发生变化，但由于你的活动不同，决定了你从商店里看到什么，用到什么。

除了活动场所外，空间里还有其他因素对活动有影响。比如天气闷热或者严寒，都会对你的活动有影响。附近建筑工地发出噪声，对你的活动也有影响。但这些因素分布在整个环境里，不同于活动场所。

第二类是活动对象，也就是能够用身体去操作的物品。活动对象又可以分为工具和活动目标两类。当我们用起子去开瓶盖，前者

空间塑造着我们的行为

是工具，后者就是活动目标。但我们用瓶盖去兑奖，它又成为工具，兑奖是目标。

有时候我们不需要工具，直接操作活动目标。读书就是这样的活动。有时候工具也可以成为活动目标。比如我们用遥控器操作电视，发现遥控器需要换电池。我们换电池的时候，就把遥控器当成活动目标。

工具被制造出来都有特定功能，但它们也可以临时用来执行其他功能。比如门被制造出来，是分隔室内空间的，但是经常有人用门缝夹碎核桃。菜刀是我们的烹饪工具，但偶尔也被人用来当凶器。

每次活动时，我们都要在环境里选择一些物品来完成当前任务。所以同样一件事物，在不同活动中会执行不同功能，这恰恰是情境概念的特点。情境是流动的、变化的，情境中每样物品的作用也在变化。如果我们的头脑受到限制，想不出一件工具还有什么其他功能，这在心理学上叫“功能固着”，是一个要克服的缺点。

个别物体我们既能操作它，又置身其中，比如汽车、轮船，这样的物体既有活动空间的属性，又有活动对象的属性。

情境里还有一大类重要因素影响你的活动，那就是他人活动。这个因素太重要了，后面我会用一章对它进行分析。

4 在情境中认识世界

前面说过，认知是用来吸收、加工外界信息的心理过程。现在还要加上个补充说明：认知主要围绕着当前情境去吸收、整理和使用信息。

活动造成了对情境信息的选择，将周围各种信息分成对象和背景两部分。你正在关注的物体成为对象，你去观察它、倾听它、嗅闻它、品尝它、触摸它，所以你对这些对象感知得最清楚。而其他对象则退到你感知世界的边缘。它们依然散发着信息，但你看不清、听不明，它们是模糊的一团、一片、一堆。如果你进行下一个活动，关注另外一些物体，它们又成为对象，刚才关注的物体会退到背景中去。

同理，每个人都储备着大量知识。当人们进行某个活动时，涉及情境中与当前任务有关的全部人、物、事的知识，称为功能知识。而与它们无关的，则变成背景知识。比如你要开一辆车，有关车的知识成为功能知识，有关奥运会的知识就没有用，虽然它仍然保存在你脑子里。

同一个知识在不同情境里交替成为功能知识，或者背景知识。所以，你不能说哪个知识学了没有用，只是你没遇到使用它的情境。古人云“艺不压身”，就是这个道理。

人在情境中的位置，决定了认知的角度。同样一间教室，里面的布置陈设都一样。但是学生一直坐在下面，老师一直站在讲坛上，情境的不同造就了双方对教室信息观察结果的不同。有些擅长启发的老师会把学生请上讲坛，让他们从老师的角度观察整间教室，感觉就大为不同。比如学生们在下面说悄悄话，总以为老师看不到，其实站在讲坛上看得清清楚楚。

甚至同样在一间教室里的学生，坐在不同位置上感受也不相同。在几十人的班级里，一个学生总是最熟悉自己身边的几个人。

情境限定了观察角度，懂得这个道理，就会理解为什么生活在同一环境下的人，对同一件事的思想观点会有很大差异，那就是认识角度造成的。比如工资涨还是不涨这个问题，员工和老板的认识角度肯定不同，因为他们生活在不同的情境里。

记忆分为瞬间记忆、短期记忆和长期记忆。其中，瞬间记忆和短期记忆主要以当前情境为对象。尤其是瞬间记忆，它给了我们有关“现在”的印象。我们会觉得有些事情是现在正发生的，有些是刚才发生的。据心理学家研究，这个“现在”的长短大约为数秒。基本是由瞬间记忆形成的。发生在几分钟前的事，你肯定会觉得是“刚才”发生的。

情境对思维的影响，主要体现在行动思维中。这种思维的目标不是产生知识成果，而是让活动顺利进行下去，最终完成当前任务。比如企业家正在进行商务谈判，运动员正在比赛，维修师傅正在修理一台电器。这时候使用的思维都是行动思维。

行动思维高度指向眼前的事物，并且是边活动边思维，外在动作和内在思维彼此影响，连续不断。这和你一边读书一边思考完全不同，但当你离开学校后，生活中大量使用的思维不再是脑力劳动，而是行动思维——边干边想，边想边干。

角度决定着我们眼中的世界

5 在情境中产生情绪

前面说过，情绪是我们对身体状态的倾向性体验，是对内的体验。但我们平时却总觉得情绪是对外的，总是环境里出现了什么刺激，才让我们产生情绪。确实如此，不过，环境中的刺激首先激发你的生理反应，或者动作，然后你才能感受到相应的情绪。

比如，当一个中国人看到五星红旗，听到《义勇军进行曲》时，他会心潮起伏，从而体验到自豪感。但在一个美国人眼里，这只是一面旗子，一首乐曲而已。反之，当他看到星条旗，听到《星条旗永不落》这首曲子，他也会产生类似的情绪体验。

当情境里某个对象固定地激发出你的某种情绪时，就形成了“情感”——针对特定对象的情绪体验。只要它出现，就能产生这种体验，对象具体是什么，则是千差万别。比如粉丝看到自己的偶像就会激动，看到别的明星就产生不了相同情绪。但在一个中立观察者眼里，不同明星的粉丝在追星时的情绪反应都差不多。

一个人喜欢什么、反感什么，是在漫长活动中形成的。现实中有成千上万的事物，更有几十亿人，心理学家没法一一记录每个人对每种事物的情绪反应。不过有些刺激不需要后天培养，全世界的人对它都有差不多的情绪体验，这构成了心理学家的研究课题。

置身于黑暗和高处，人们都会产生恐惧，这便是进化史上形成的自然情绪反应。人们经常把待在高处发抖的体验称为“恐高症”，这只是约定俗成的说法。其实它不是病症，所有人天生都恐高。

儿童心理学家曾经做过一个叫“视崖”的实验，他们建造一间小室，其中一半地面比另一半高，形成一个“崖”。心理学家在整个地面上铺好有机玻璃板，让婴儿在上面爬。结果，婴儿爬到“崖”的位置就

害怕吗？估计你会，人类主要情绪都与当前的情境有关

会停止。这说明人类天生就害怕悬空。某些高空作业者、攀岩和跑酷运动爱好者，他们是经过长期训练后才适应了高空环境。

对于与人类亲缘较远的动物，如青蛙、昆虫等，人类也有天生的恐惧。只是经常接触这些生物的农村孩子，会比城市孩子更好地脱敏。

某些颜色会给所有人类似的情绪体验，比如绘画中有冷色和暖色的区别，就是根据情绪体验划分的。各民族人的体验都遵循冷暖色规律。在具体颜色中，红色尤其能让人激动，绿色则让人情绪平静。这取决于百万年间进化的结果。红色是鲜血和火焰的颜色，绿色是植物的颜色。

心理学家还发现，全世界文化都有一些共同的形容方式，比如把好的事物想象成在上面，坏的东西在下面。没有哪种文化幻想出“地堂”和“天狱”，都是幻想出“天堂”和“地狱”。各民族也都使用“重要”“贵重”之类的词汇，形容对自己更有意义的事物。这是因为我们在移动重量大的物体时，要花更多的力量。

6 在情境中有所作为

第三章里说过，动作不是随便乱动，每个动作都具有意义。可动作的意义又从哪里来呢？现在可以补充说明了，动作意义都在情境中。我们总是从情境里拿起什么，搬走什么，接近什么，远离什么。

如今电脑程序可以制作剪影，在电子照片里把一个人与他所处环境分开，呈现出夸张离奇的效果。这说明，只有把一个人的动作和他面对的情境一起观察，我们才能知道这个动作的意义。当我们不知道一个人面对什么时，他的动作就会显得古怪。

情境对动作的第二个影响，是形成动作的顺序性。人只能在各种活动空间里活动，而活动空间本身有顺序：这个挨着那个，某处在某处的上面。我们的动作也只能按照客观的空间顺序开展。比如，我们必须从门里走进屋子。当我们操作工具时，也必须遵循一定的顺序。先打开什么，先搬动什么，诸如此类。

某天你起床晚了，思想上认识到迟到的危害，情绪上很焦虑，意志上也拼命要赶时间。总之，你的内心恨不能一步飞到课堂里。但你的动作却必须按照从家到教室的空间顺序来展开——楼梯、院子、街道、校门、校园、楼梯、教室，你不能跳过哪个活动空间，上一个动作没有完，就不能进行下一个动作。

工具也是一样，大部分工具需要多个步骤才能操作，比如电脑，如果不按开机键，下面的操作都进行不了。

在电梯间，我们经常会看到这样的情形：电梯在高层缓慢下降，有的人等不及，不停地按键。这个动作只是在发泄他的情绪，并不能让电梯加速下降。

我们没有道具师和布景师，所以情境里如果缺乏必要的活动空间或者活动工具，就让我们的动作受到阻碍。比如堵车、路面事故都会影响你出行。手里的设备损坏，我们的操作就不得不停下来。

看来，中国古人很早就理解了情境的概念

动作并非被动地受制于情境，动作改变着事物的性质、位置，或者运行方式。而情境又是由事物组成的，所以，动作改变着我们的小环境。

当我们运用工具来操作活动对象时，有可能给活动对象造成永远的改变。比如撕开食品袋取出食品，我们不会再把食品袋复原。我们把生的食物加工成熟食，它们也不会再变生。

动作也可以改变事物的位置，比如把乱放的桌椅摆整齐，或者把一盆花放到桌上，让自己在清香的环境下学习。动作还可以改变物体的运动方式，打开空调或者关掉电视，就改变着它们的运行方式。

不管是哪类改变，我们时时刻刻通过动作改变着情境。这个道理并不复杂，但如果你每天、每时都这样去做，那么你就会在自己身边创造出非常好的情境——物品整洁、地面卫生、各种器具容易寻找，坏掉的物品及时更换。良好的情境会反过来影响你的认知和情绪，进而促进你的心理更健康，更有活力。

如果你发现周围有某件东西不如你的愿望，不要被动等待，不要苦思冥想，马上用动作改变它、移动它，这就是本章要教你的生活原则。

7 在情境中克服困难

在日常生活中，“意志”总被人们等同于“克服困难”。但在意志那章里，我却主要讨论了针对自身心理过程的注意。为什么呢？因为困难是外界因素，要在情境这里才能分析。

当我们将身心保持在一个具体活动上时，情境里会有不少因素干扰这个活动，这些因素就是干扰因素。很多时候，干扰因素就过来干扰你的活动对象。比如当你在学习时，学习内容的艰难程度就是一个干扰因素，它会让意志力不强的同学心生畏惧，放弃学习活动。

活动工具出了问题，也会构成干扰因素，比如突然停电会干扰你的学习，电视发生故障也会干扰你看电视。

我们都在活动空间里活动，但活动空间不仅提供便利条件，也形成干扰因素。比如天气过热或过冷，都会影响你的学习效率。情境里他人活动也构成了干扰因素，比如同学们私下聊天会影响你认真听讲。

干扰因素不是固定的，并非某种事物一定是干扰因素，或者不是干扰因素。什么因素成为干扰因素，要视当前你在做什么而定。比如我们在学习时，附近响起的音乐会成为干扰因素。但我们去听音乐，它就成为欣赏对象。

把一种事物定义为“干扰因素”，只是从心理学角度来判断。干扰因素不等于“坏因素”，只是看它是否干扰了当前活动。比如一个小偷想偷东西，但周围有人走来走去，让他不敢下手，这种干扰因素绝对是积极因素。

从这里也可以看出，心理学上意志的概念是中性的，不像日常生活中，人们把意志当成褒义词，只把它送给正面人物。在心理学家看来，警察们冒着酷暑围捕逃犯，这需要意志努力。逃犯躲避警察的围捕，同

要学会在干扰中做自己的事

样需要意志。第二次世界大战时，德日法西斯发动的战争是非正义的，但这两支军队在战场上表现的作战意志，却从来没被军事专家否认过。

所有干扰因素都是意志要努力抗拒的对象。一个活动所遭受的干扰因素越强烈，需要投入的注意能力就越大。比如在噪声中工作，所需要的注意力就比在安静环境里高。带病坚持工作，就比健康时工作付出的注意力更大。

当你参加军训时，要在操场上整队。这时候阳光、风沙就会成为干扰因素，它们都会干扰你把身心集中在动作上。反过来，你就要付出更多注意去对抗这种干扰因素。

从这里我们可以捕捉到一个规律：干扰因素越强大，意志的表现越出色。如果你每天只是吃饭、喝水、走路，绝不会赢得“意志坚强”这个美名。但要是爬一次高山，或者跑一次马拉松，那就不同了。

8 情境，从虚拟到真实

戏剧工作者搭设舞台，军队布置演习场地，心理学家设计实验，游戏公司开发电子游戏，它们都有一个共同点，就是创造虚拟情境，让人们在其中活动。

很多情况下，人们无法直接在真实情境中活动。比如，军队不可能让士兵在训练时真去杀死一个人。也有一些时候，限于物质条件，人们不能经常在真实情境下训练。比如飞行员经常使用飞行模拟器，因为驾驶真飞机上一次天空，要花费很多成本。

然而，为了培养专业能力，人们又需要在情境中训练。于是，按照与真实情境相符的程度，这些专供训练使用的情境可以分为四类——想象情境、电子虚拟情境、实物模拟情境、真实情境。

与现实相距最远的是想象情境，是指根据对真实情境的语言描述和图片资料，在脑海里想象自己置身其中的状态。你阅读一本精彩的小说，仿佛置身其中，这就是进入了想象情境。

这种情境也能产生相应的认知和情绪，甚至一定的行为，比如流泪或者大笑。对于违章驾车的人，交警给予的一种处罚就是集中起来观看车祸录像。这时，违章者并没有处于事故现场，但仍然能“感同身受”，获得教育。这也是想象情境的一种。

产生想象情境的成本最低。在不具备其他物质条件时，心理学家也会运用想象情境帮助咨询者。比如做脱敏训练，以前就是待在屋子里，让咨询者想象各种危险情境，体验和消化不良情绪。但效果显然不如真实情境或者模拟情境好。

电子虚拟情境是指使用声光手段产生图像和声音，模拟真实情境。大家玩的电子游戏就是最典型的电子虚拟情境。它比想象情境向现实跨

军事演习是典型的模拟情境

进一步，但仍然不真实。在汽车驾驶员和飞行员培训中，很早就使用了模拟驾驶仪，那也是电子虚拟情境。

比虚拟情境更接近现实的，是用实物搭建的模拟情境。你在电脑上玩CS射击游戏，这是进入了电子虚拟情境。目前已经有真人CS射击游戏场，你可以穿上迷彩服，拿上激光枪，在各种地形中奔跑。这就是模拟情境，显然比电脑游戏离现实更近一步。

一些有助于训练，但人们无法控制的真实情境，只能建立模拟情境。比如消防队员进行训练，只能使用模拟火场。军队使用靶场，也是实物搭建的模拟情境。它们在特定场地里专门建造，在消防队或者军队以外的世界中并不存在。这些模拟情境要具备真实情境里的关键因素。一些科技馆里设有地震体验区、狂风体验区，它们也都是实物模拟情境。

最逼真的当然就是真实情境本身，只不过用于训练的真实情境，其重要性会小一些。比如运动员中的新手要通过参加不重要的比赛，积累经验，才去参加重要的比赛。职场上的新人先做不重要的工作，一点点加担子，也是使用真实情境进行训练的方法。

提供真实情境进行的教育称为真实情境法，目前在学校里也有开展。比如通过旅游让学生了解名胜古迹，就是真实情境法。让学生参加社会劳动，也是在使用真实情境法。受教育者进入这些情境，既意识到自己是在受教育，带着一定的学习目的，也真正参与到情境中去，感受情境带来的压力。真实情境给人带来的改变最大。

9 学会"进入状态"

喜欢看比赛的同学知道，当运动员在场上比拼时，替补队员就在场边做准备活动，跳跳跑跑，随时准备登场。为什么他们不从替补席直接登场呢？因为身体必须活动开，才能适应比赛的状态。贸然上场，轻者发挥不出水平，重者导致运动创伤。

我们总是从一个活动进入另一个活动，起床、洗漱、吃饭、去学校、上课、课间休息……每开始一个新活动，也就进入一个新情境。我们的感知觉、记忆、表象、思维、情绪、动作等心理过程要从旧情境中转移出来，进入新场合。在两个情境前后衔接的一小段时间里，我们的身心总会不适应新的状态。

快速地把整个身心调整到与当前任务相适应的状态中来，这是情境理论教给我们的重要知识，俗称“进入状态”。这不是指调整哪种具体的心理过程，而是将各种心理过程根据当前任务重新排列组合。比如大家上音乐课，就要让形象思维过程兴奋起来、抽象思维过程暂时抑制，而上数学课则相反。

学生结束课间休息，从操场上回到课堂，开始几分钟情绪总是稳定不下来。有经验的老师往往不会先讲课，而是进行课堂提问，把学生的注意力吸引回课堂。这是一种“从重到轻”的进入状态方式，课堂提问会立刻让学生绷紧精神，把状态转回课堂，然后再放松下来听讲。

在中考、高考这样气氛严肃的考试中，试卷最初几道题往往设计得很容易，这样安排就是为了引导考生进入考试状态，是一种“从轻到重”的进入状态方式。因为考试时间短，必须尽可能减少错误率。如果上来就考几道难题，会把考生一下子打懵。从轻到重能让考生缓缓地进入状态。

上课与课间的心理状态完全不同

我们去医务室测视力，有经验的医生都要多测几遍才算数，因为我们判读前几个符号时，心理状态还没有调整过来，错误率总要高一些。如果这时就计算成绩，视力测试水平就比实际水平要低。

不光学习、比赛、测试、劳动这些“正经事”要有个进入状态的过程，即便娱乐也是如此。到了学期末，大家都在想，考完试就可以好好玩一通。但是考试结束后最初一两天，头脑都还是紧绷的，放松不下来，大约三四天后才能彻底放松下来。

如果大家去唱卡拉OK，一般都有体会，就是唱到两三首歌后才能吐气自如，发挥出自己的最好演唱水平。

有机会可以做这么个小实验。当有同学开始读小说时，你在他开始后三分钟内叫他停止，他比较容易答应你。如果在他开始十几分钟后再叫他停下来，他就很难答应你了。因为他已经进入到作品欣赏的心理状态中。

我们需要个“进入状态”的过程，才能在一个新活动中发挥效率。越是重要的活动，越要给自己预留一些时间适应新情境。

10 危机下的心理变化

每种情境都会给我们带来一定压力，大部分情况下，我们能够应付这些压力。比如口渴去喝水，虽然要付出一定的时间和精力，但你肯定能完成这件事。有时候，情境中的压力较大，你很难完成，但它对生活的影响并不大，也不剧烈。比如学习成绩不好的孩子会面对情境压力，但不至于出现生存危机。

然而，人在一生中不可避免遭遇特别恶劣的情境。这时，我们无论怎么活动都无法挽回损失，这就是危机情境。它对人的心理状态伤害很大，如何在一个人处于危机时提供帮助，也是心理学家研究的重点，这种工作的正式名称叫危机干预。在中国，第一次有心理学家出面的危机干预发生在1994年新疆克拉玛依火灾事件中，到现在只有二十年。

灾难发生后，当事人会产生各种心理问题，它们都是心理干预工作的对象。最严重的心理问题是创伤性应激障碍。当事人的心跳、血压都出现问题，严重者甚至昏厥。有的人会转而麻木，形成“木僵”状态。

如果一个人在事故中死亡，单位往往把他的家属接到医院里，再通知噩耗，目的就是如果家属产生上述状态，医生可及时施救。

自主神经是调节内脏功能的神经系统，灾难状态下，它会促使心跳加快加强、肌肉血管收缩、抑制胃肠运动、皮肤汗腺大量分泌。即使健康人受此冲击，身心机能也会受创，更何况不少当事人同时也有生理隐疾。

重大事故通常会带来意外死亡，导致死者家属产生“居丧反应”。包括无力主动与人接触、无能的标签化、回避家属死亡现实、

做好应对灾难的心理准备

过度内疚等。

居丧反应期的长短视当事人的心理素质而定，平均从六周到半年不等。大部分人会挺过这一阶段。但也有人几年、十几年都无法走出丧亲的阴影。电影《唐山大地震》的女主人公，其实是处于严重的居丧反应中。除了精神抑郁外，他们还会产生头疼、心悸、背疼、长期失眠等症状，导致出勤率下降，甚至无法工作。

重大灾难刚刚发生后，当事人要处理许多紧急事务，如救灾、人员急救、丧葬、理赔、打官司等等，精神处于紧张状态。可能会把悲哀暂时压抑住，周围的人发现他比较“镇定”，也会放松关注。事件基本平息后反而能产生“痛定思痛”的现象，当事人独自咀嚼事件的悲剧意义，钻牛角尖。比如“命运为什么对我不公”“我是无用的人”等。进而产生抑郁症、酗酒等问题。

面对灾难，每个人都有自己痛心的理由，但总的来说，人类的心理反应规律都差不多。这是心理干预工作的基础。没有心理学的时候，每个人也都会遭遇这些事，至少是其中的一两件。平时，人们是靠自己的意志力，还有亲朋好友的关心来度过灾难时期。心理学家的介入，可以帮助人们更好地从灾难中恢复身心。

八　能力，你永远的依靠

1 能力，看不见的决定者

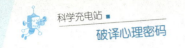

一个人除非是盲人，否则就能看到东西，但不同人的视力有好有坏。一个人只要认字，就能读书看报，但阅读速度也会有明显差别。相比于运动员，普通人在动作能力上更是有很大差距。

只要你观察周围的人，或者把自己与别人比较，就会发现能力大小有别。什么是能力？它是使人成功完成某种活动所需要的心理素质。这些东西看不见、摸不着，不能抽出来观察或化验，但你确实又能体会到它们的存在。你周围总是有人比别人更聪明，有人比别人更敏捷，这都是能力的表现。

前面提到，活动是四大类心理过程的综合。那么，能力也就是每个人这些心理过程的特点。比如，在体育课上你会看到有人反应快，球飞过来马上能以正确的方式击出去。有人反应慢，球打到脸上还没做出动作。看到目标并做出反应，这中间的时间叫反应时，它越短，反应能力越强。

第二章到第五章介绍了人类的心理过程，它们揭示人类的共性，每个人都拥有这些心理过程。而能力和活动、情境这三个概念，揭示的是个人特点，用来分析“这一个”。就像“姓名”这个词，当我们使用它时，后面肯定要跟着具体的“张三”“李四”。

活动、情境和能力这三个概念也是一样。当我们研究活动时，肯定是在观察具体某个人的活动。当我们研究情境时，也是指某人在完成某个活动时面对的一切。现在我们研究能力，更是指某个特定人的活动能力。假设世界上只剩下一个人，没有任何人与他对比，也就没必要研究能力了。

前面说过，心理学的一大特点就是从个体角度来研究人，不仅要说出人的共性，更要研究人的个性，观察人与人之间的差别，能力研究正好体现这一特点。

能力是我们立足社会的基础

既然人生就是一系列的活动，而能力又是完成活动的心理基础，那么，能力在人生中便具有决定作用。大家为什么要上学？还不是为了提升自己的能力。将来无论就业还是创业，活动的成败主要由自身能力来决定。所以，了解能力规律，对我们安排今后的人生至关重要。

平时，我们在学校要学习知识，训练技能。能力既不是知识，也不是技能，它是掌握这两种东西的素质基础。

现实中存在着许多知识和技能，仅中学所及的知识就有数理化、历史地理这些。技能也有绘画、音乐、体育、阅读和书写等许多。但是，运用一种知识或者技能可以涉及不同的能力。比如掌握语文知识，既要涉及阅读能力，也要涉及言语能力。

而不同的知识或技能，又有可能运用同一种能力。比如数学计算能力就是所有理工科知识都需要的，而舞蹈技能和体操技能，也会运用许多类似的动作能力。

心理学家不研究具体的知识和技能，而是研究它们背后的能力。那么，人类的基础能力有哪些呢？

2 人类有哪些认知能力

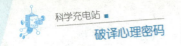

当我们经常用意志操纵各种认知过程，以服务于活动，就形成认知能力。长期操纵感知过程，形成了感知能力；长期操纵思维过程，形成了思维能力……大体上讲，人类认知能力包括有观察力、记忆力、理解力、分析力、判断力等几大块，每块又有许多细节。

人类的观察力不等于视力，后者只是观察力的生理基础，观察力是在学习和工作中训练出来的。过去染房里的工人要凭肉眼配比颜色，据心理学教材记载，优秀染房工人仅黑色就能分出几十种！这与视力好坏无关，是长期分辨颜色形成的特殊能力。

电影《听风者》讲述了一个具有惊人“听力”的半盲人。他的听力是在耳膜这个物质基础上，因为长期从事调音工作开发出来的。现实中还有一个职业叫品酒师，据说其中的优秀者可以分辨出一万多种味道！这是对味觉功能的开发。

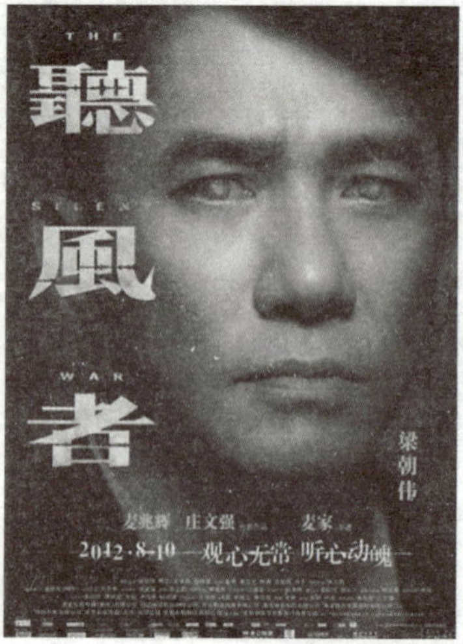

当我们置身一个空间时，要观察这个空间。心理学家发现，辨别熟悉环境和观察陌生环境需要两种不同的能力。人们进入熟悉环境（居室、教室、工作场所等），由于大部分信息已经被编码贮存，通常不用观察它的整体，而主要观察新异刺激。

人类各种认知能力之间存在着补偿

而当人置身陌生环境时，环境里都是新异刺激。人们会先对整个环境进行观察，慢慢熟悉它，再观察其细节。这个过程会产生一个重要变化，开始时你会觉得这个新环境很大，里面的东西眼花缭乱。多进入几次后，新环境似乎在变小，东西也变得有条有理。这是陌生环境逐渐变成熟悉环境的主观体验。

记忆力主要指机械记忆能力，即人们常说的死记硬背的能力。一串电话号码，几个随机排列的字母，这些对象都不具有意义，排除了靠意义联想去记忆的可能。心理学家就用这些“无意义材料”来测量机械记忆能力。

大家读书多年，比较反感死记硬背。其实，没有哪种能力是“坏能力”，或者“低级能力”。我们不提倡天天死记硬背，但不等于这种能力没有用。

人类认知能力包罗万象，很多特殊能力我们平时都意识不到它的存在。比如大家读书时会接触各种名词。心理学家发现，认知抽象名词是一种专门能力，而认知专有名词又是另外一种能力。抽象名词是逻辑思维的产物，本身没有具体对象，它的意义要通过逻辑思维才能把握。目前，学校教育强调让学生理解概念、定理、公式，主要便是训练抽象名词识别能力。

专有名词用来指示具体对象，比如某人、某山、某品牌、某图画、某地等。每个专有名词都实有所指，当人们提到专有名词时，通常会联想到具体的图像、声音、气味。在大脑中，识别专有名词的机制和识别抽象名词的机制就不一样。

这些千奇百怪的能力并不分散使用，它们统一起来，构成一个人的智力。

3 人类有哪些动作能力

和认知能力一样，动作能力也不等于肌肉和骨骼的运动潜力，而是在实践中运用这些生理潜力的成果。任何动作都不是一块肌肉完成的，必须综合使用一群肌肉。生活中常有这样的情形：同样一件重物，瘦小的人可以搬走，魁梧的人却可能搬不动。因为前者更会用“巧劲”，全身肌肉协调地用力。

前面说过，人类动作可以分为大肌肉群动作和小肌肉群动作。运动员和体力工作者既需要大肌肉群动作的能力，也需要小肌肉群动作的能力。对于脑力劳动者来说，主要需要两类小肌肉群动作。一是手指动作，主要靠手部和腕部肌肉来完成。二是言语能力，靠腮部、喉部肌肉来完成。像驾驶这类工作，还需要脚部小肌肉群去操作离合与油门踏板。

无论大肌肉群动作，还是小肌肉群动作，都可以通过三个指标来衡量——动作力量、动作速度和动作耐力，这就是动作能力的主要标准。

动作力量不是指肌肉力量，后者可以从一块肌肉的横截面积上推断出来。动作力量是完成一个动作时形成的实际力量，它既取决于每块肌肉的实际力量，也取决于相关肌肉配合是否协调。

比如举起杠铃这个动作，并非只运用手臂肌肉，还要运用腰背肌肉。如果完成举重比赛的规定动作，还要腿部肌肉参与。整个动作协调而熟练，最终形成的力量才足够大。体育课上经常有这样的情形，一个学生没有训练肌肉力量，体育老师给他指点动作要领，把发力姿势摆正确，就会提升动作的力量。

动作力量又包括等量力量和最大力量两个指标。我们尽全力完

动作力量并不仅仅依靠肌肉

成一组同样的动作，比如推举杠铃二十次，其中最大那次的数值就是最大力量，每次的平均力量值就是等量力量。最大力量是一个人动作力量的极限，只是偶尔能释放出来。一般制订劳动规划，或者体育训练计划，主要参考等量力量。

动作速度是指单位时间里完成同样动作的数量。短跑、短距离游泳这些速度型项目都在比拼动作速度，专业打字员主要的能力，也是手部肌肉有高人一等的动作速度。

动作耐力是指反复做出同样动作所能保持的时间。长跑和长距离游泳都是在考验动作耐力。即使做脑力劳动，如果是长时间的阅读和讲话，也需要小肌肉群展示它们的动作耐力。经常阅读的人，眼肌就不容易感觉到疲劳。

需要指出，大家在学校学习时，面对考试这个任务，老师主要关注的是你的认知能力。进入社会后，能不能解决实际问题，动作能力的重要性便会大幅提升。假如一个人连续工作三小时就疲劳，另一个人能够连续工作六小时，后者肯定更有竞争力，而这就是动作耐力的体现。

当然，我们很难改变学校教师重认知、轻动作的习惯，所以，希望大家自己多找方法，提高自己的动作能力。

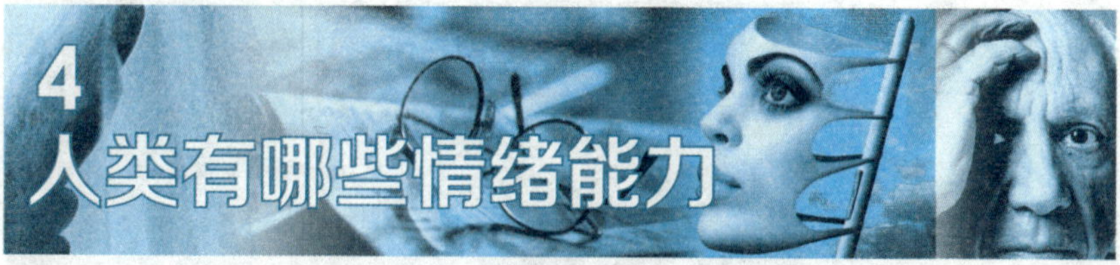

4 人类有哪些情绪能力

过去十几年，“情商”这个词红遍媒体，很多人都在使用。这个词准确的说法就是情绪能力，指人类体验、识别和调节情绪的能力。

情绪能力首先是体验、识别不同情绪的能力。有些特点鲜明的情绪，比如愤怒和恐惧，人们从孩童时就能分辨。也有些情绪不太容易分辨，比如儿童很少会说自己“抑郁”。至于复杂的综合情绪如“惆怅”“遗憾”“自信”，更要到青年期以后才逐渐学会辨别。

情境中某些事物会固定引发人的某种情绪，与单纯识别情绪相比，识别是哪些事物激发这些情绪更不容易。青少年经常觉得自己莫名其妙就伤心，不知为什么就烦躁。其实，没有哪种情绪会无缘无故冒出来，不是有情境中的原因，就是有身体上的原因，只是要找到某个情绪产生的特定原因，并加以控制，需要漫长的学习过程。

为什么要识别情绪？就是要在活动中调控它们。日常生活中，识别情绪接下来就是控制情绪。这包括压制或缓解不能表现的情绪，也包括释放需要表现的情绪，还包括在适当场合释放先前被压抑的情绪。

需要克制情绪的时候能不能压得住，这是一种重要的情绪能力。人们伴随年龄增长的一大变化，就是情绪越来越稳，激情或者应激现象越来越少。这种硬功夫，只能靠长期应付情绪波动来磨炼。

一般人不清楚情绪与身体状况的关系，遇到不能表现的情绪，只知道压抑，不知道缓解。其实，单纯在主观上“忍住”“憋住”，效果往往不好。学习心理学后，你可以更多采用缓解法来控制不必要的情绪。比如通过改变身体姿势来缓解悲哀，通过呼吸来缓解愤怒或恐惧。

与压抑和缓解相反，我们还需要释放必需的情绪。比如受到挫折后，把愤恨转移到工作和学习上，鞭策自己上进。在考试时调节紧张情

调节情绪是一种重要的能力

绪，让它变成答题的动力，而不是干扰。这都是有关情绪的能力。

前面说过，情绪是心理活动的能量，调控情绪的能力有点像司机踩油门，什么时候释放一些能量，什么时候压制一些能量，掌握得好，才能驾驭人生这辆车而不失控。

需要指出，“情商”这个词虽然大家都在用，但并不是一个科学概念，只是从“智商”变化来的大众词汇。“智商”全称叫“智力商数”，是智力测验的结果。这个孩子智商95，那个学生智商130，都有准确数值。目前，心理学家还没编制出情绪能力测验题，当然也没法得到“情绪能力商数”。

平时人们用“情商”这个词，主要指社交能力，它其实是情绪能力的后果。一个人情绪能力高，社交方面会表现得更好，但情绪能力不仅服务于社交，各种工作都需要。比如在开车时遇到紧急情况，情绪能力高的人便更容易控制住紧张。

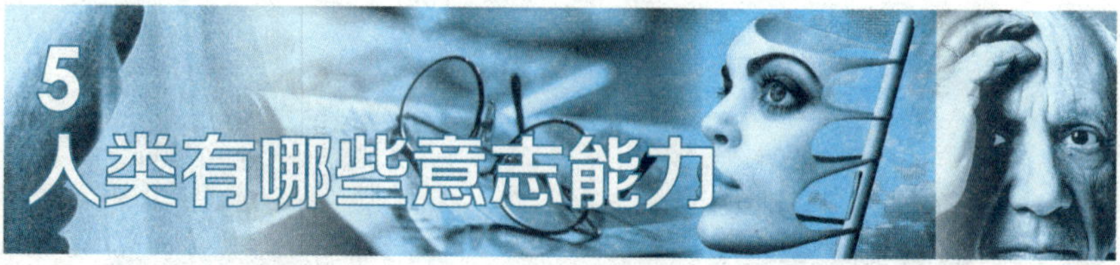

5 人类有哪些意志能力

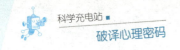

在第五章里，我们把意志分解为微观的注意，又指出注意有两个基本过程，一是注意集中，二是注意转移。可以说，人类最根本的意志能力就是注意集中能力和注意转移能力。这比认知能力和动作能力简单得多，但却最为重要。

心理学家通过“非技能操作”来测量注意集中能力，这类操作谁都可以做，不需要任何技能，也不能在操作中形成技能。典型的非技能操作叫划字实验，心理学家启动计算机，产生一大串随机数字，它们彼此没有联系，出现时也没有规律。心理学家要求学生找到某个数字，比如“0”或者“6”，把它们全部划掉。

整个随机数字串多达几页，密密麻麻。被试要从这么多数字中划掉指定的那个数字，肯定会漏掉一些。所以，这种操作考查的完全是注意力。全部操作完成后，把划掉的数量与漏掉的数量一比，就可以判断出注意集中能力的高低。

为什么要用“非技能操作”来测量注意集中能力呢？如果一种操作需要技能，比如骑自行车，那么测出来的只是骑车技能。会骑的和不会骑的就不能比较他们的注意力，熟手和生手之间也难以比较。

测量注意转移能力，通常用双任务实验来完成。这种实验安排两个任务让被试同时操作。比如让被试做一系列数学题，周围时不时会响起铃声，被试一旦听到铃声，就要按一个按钮表示自己听到了。这样，被试必须在做题和倾听之间分心，要么做错题，要么漏掉几次铃声。错误率越低，注意转移能力越高。

通过双任务复杂程度的高低，可以进一步测量注意转移能力。比如，让被试一边划字，一边听铃声，两个都是简单任务。一边计算数学

棒框仪是测量注意力的主要工具

题，一边听铃声，其中一个任务复杂，一个任务简单。如果让被试一边做数学题，一边听别人朗诵文章，不光题要做对，还要把文章中说到的人、事、物准确复述出来，两个都是复杂任务，一个人在它们之间切换，需要最高水平的注意转移能力。

你可以从给你上课的老师中，观察到这种最高级的注意转移能力。老师们上讲台，必须一边讲述教学内容，一边观察学生的反应，管理课堂秩序。刚毕业的老师通常顾前顾不了后，他们需要练上几年，才能成为驾驭课堂的老手。

在由四类心理过程派生出的能力中，认知能力和动作能力直接产生客观后果，情绪能力和意志能力并不直接产生后果，而是驱动前两类能力完成任务。所以，有时候单纯记录结果，并不能分析出情绪和意志能力。比如，一名运动员在训练中能达到出色的成绩，但到了正式比赛中却发挥不出水平。这说明他已经有足够的动作能力，但情绪调节能力不足。

在这种情况下，不光要记录活动后果，还要观察活动过程，才能判断其情绪能力和意志能力的高低。

6 活动是检验能力的标尺

虽然我们都有“谁更聪明”“谁更敏捷”的经验，但能力却不能直接称量。我们可以客观记录人的脑容量、肌肉横截面、血红素含量、肌酸水平，但所有这些指标加起来都不能推断出人的能力。能力这东西既是无形的，却又实际存在。

能力是使人成功完成某种活动所需要的心理素质，反过来说，我们也只能在活动中检验各种能力。所以，活动是检验能力的标尺。前面说到的一些能力检测方式，也都是安排特定活动让人们去做，通过分析活动过程和结果来判断其能力。

那么，究竟如何通过活动来检测能力呢?

首先是准确率法，即通过活动结果的准确率来判断能力强弱，这也是人们最常用的方法。考试就是典型。在一些重大考试里，阅卷老师根本不认识考生，他只需要通过卷面上的正确率判断其水平。这种方法最重要，但也最普遍，最容易明白，就不多解释了。

其次是数量法，通过观察活动过程，记录活动数量来判断能力。达到同样的活动结果，活动数量越少，则能力越强。成语中的“事半功倍”，指的就是这种规律。

这里所说的活动数量，是指一个人活动的强度、频率、次数。比如，受过训练的搏击高手和普通人相比，在格斗中动作是更多还是更少？人们很容易答错这个问题。其实，越是高手，搏击动作越简单实用。如果把高手和普通人的格斗分别录像，你就会发现，普通人在格斗时乱踢、乱打、乱抓，实际发生的动作反而更多。

又比如，数学能力强的学生在算题时，通常几步就得出结论，而数学能力弱的学生则反复尝试，改改涂涂。阅读能力强的人读书时不用出

现场是评估工作能力的最佳情境

声，阅读能力弱的人往往会出声诵读。人们刚学习某种体育技能时，常常出现多余动作。随着技能的熟练，动作越来越精准。

通过准确率法来判断能力强弱，我们不需要观察当事人。而通过数量法判断能力强弱，则必须当面观察别人的活动，至少要看看活动录像。后者比前者麻烦得多，很多时候根本不能落实。所以，人们习惯于“维效果论”，只用活动结果评价人的能力，往往会导致错误。

再次是速度法，通过活动速度来判断能力强弱。能力越强则活动越少，而活动减少的明显标志就是占用的时间在减少。算得快、写得快、说得快、跑得快，在结果相同的情况下，完成更快的那个人肯定能力更强。

用速度法来判断能力，其实是数量法的延伸。现实生活中计量时间比较方便，记录和分析活动过程就比较麻烦，所以速度法运用得更多。但如果不观察一个人的活动过程，就不容易通过分析活动表现，帮助他找到缺陷，提高能力。

最后是消耗法，可以通过活动消耗水平来判断能力强弱。生活中不乏看到这样的人，经常抱怨自己工作压力大，活得很累，但又并没有看到他做了什么特别的贡献。这就是能力不足，导致活动中消耗过大的表现。

7 如何在情境中检验能力

不管是结果法、数量法、速度法还是消耗法，都只能用来测量简单的心理能力。日常工作中更需要判断复杂能力水平的高低，它们很难用简单操作来测量。比如，组织部门提拔一名官员，要考察他的领导能力。这可不是划划字、按按钮就可以完成的。

怎么办呢？上一章我们讨论了情境的概念，它可以用来评定复杂的综合能力。一个人能力大小，要看他在什么程度的情境里，完成何种难度的任务。比如一名运动员经常在省级比赛里拿冠军，但他参加全国比赛的成绩不好。这就意味着他的竞技能力处在省级水平，而这正是通过由他参加比赛的等级来判断的。

职业心理学家用“胜任”这个概念，来判断能力与情境的关系。当个体处在某种情境中，能够完成该情境中的任务，便称为对这一情境的“胜任”。

胜任首先指在某情境里完成一套活动，如果该活动中断则为不胜任。比如驾驶汽车出了车祸，就算不胜任驾驶情境。其次，胜任指活动结束能产生自己想要的结果。比如工人加工完零件，检验表明这个零件合格，就是胜任；学生完成考试，成绩达到预期，也是胜任。

当然，只有一次胜任，还不能判断能力的强弱。如果个体只是一到数次面对某种情境，并且形成胜任，称为暂时胜任。比如一个人被单位派到外地出差几天，能够完成任务，但如果让他长期驻扎在该地，有可能因为不适应新环境，反而工作不好。

如果个体反复遇到某情境，形成胜任的次数在一定比例上，称为长期胜任。这个比例可以根据各种工作性质自由确定，有的工作比如医生，需要很高的成功次数才能称为胜任。有的工作比如投资企业，由于

必须长期观察才能评价一个人的能力

风险大，成功几次就可以算作胜任。

如果个体反复遇到某情境，造成不胜任的次数在一定比例上，称为长期不胜任。这个比例可以根据各种工作性质自定，或者参考其他人的情况。比如一个新员工反复培养，就是无法完成任务，便视为长期不胜任。

只有长期不胜任才能确定一个人的能力不足。企业之所以在招工时要给试用时间，就是想看看新员工对于新岗位是长期胜任，还是长期不胜任。

现实中，暂时胜任往往被人误认为是长期胜任，造成对个人能力的高估。相反，一个人对于已经长期胜任的情境，会偶然发生一次或者几次的不胜任，称为暂时不胜任，这多半是由身体状况、精力、突发事件等原因造成的。暂时不胜任不能用来判定个体能力发生实质性下降，但人们往往会产生误解，特别是在观察机会少的情况下，容易把暂时不胜任当成缺乏能力。

升学考试最令人诟病的地方，就是一考定终身。某些学生平时成绩不错，由于暂时不胜任贻误终生。当然，也有笔者这样的幸运儿，因为暂时胜任而获得了读大学的机会。我的高考成绩比平时摸底测验高许多，以至于我刚看到分数时，还以为别人写错了名字。

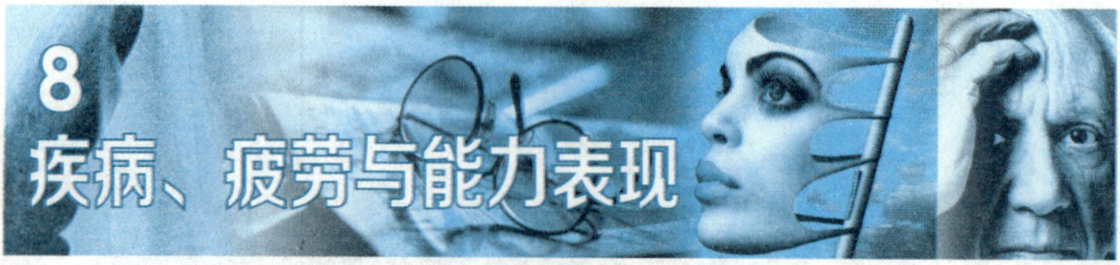

8 疾病、疲劳与能力表现

一代军事天才拿破仑最终在滑铁卢战败，爱好历史的同学都知道这件事。你可能不知道的是，一份历史研究表明，拿破仑那几天犯了胃病，水米难进，腹疼难忍，这严重影响他发挥临场指挥能力。

这就是暂时不胜任造成的重大后果。能力要依靠身体这个物质基础，所以疾病与疲劳都制约着能力的发挥。

对于体力活动来说，疾病对能力的限制非常明显，许多疾病必须请病假才行。但是现在大家以脑力劳动为主，即使拿破仑指挥战争，他本人也不需要像士兵那样在前线奔波，主要也是脑力劳动。那么，疾病如何干扰认知能力的发挥？

一种疾病能否影响心智，与它本身的生理严重性并不吻合，主要看它带来的病痛感觉是否造成足够大的干扰。胃病、牙痛、皮肤病对人的危害肯定小于癌症，但不少癌症在发作之前，病人甚至察觉不到，也不影响他们工作。居里夫人因为常年研究放射性物质，患上严重的癌症，但她仍然完成了不少科学成果。相反，发烧、牙痛、皮肤病之类的疾病并不致命，但在短时间内严重干扰脑力劳动。

其次是脑疲劳。大脑和其他器官一样会出现疲劳。身体整体机能下降会附带发生脑疲劳，饥饿、大病或者长时间重体力劳动后，氧或葡萄糖的供给临时出现问题，便会导致脑疲劳。

没有这些前提，脑本身也会出现疲劳。脑部存在功能分区，长期从事内容单一的脑力劳动，会导致某区域过分使用，产生部分疲劳，而非整体疲劳。主观感觉就是不想再从事这类事情，但如果“换换脑子”，做其他脑力活动，马上就又会兴奋起来。学校的课表上都是各门课程交叉安排，不会有哪门课程连续排半天，这就是为了避免局部脑疲劳。

识别脑疲劳的主观感觉很重要，因为从身体上很难看出脑的疲劳。有时候一个人说他精神上很累，但别人却觉得他无病呻吟，这就是对脑疲劳现象的误解。

许多器官与脑力劳动有关，这些器官产生疲劳会对脑力劳动造成影响。比如长期观察会导致眼肌疲劳，长期保持坐姿会导致腰肌疲劳等。

脑疲劳和器官疲劳的表现不一样。器官尚未疲劳而只有脑疲劳，主观感觉是“无精打采，不想做事”。脑子尚未疲劳而器官（如眼睛）先疲劳，主观感觉是“心有余而力不足”。

任何活动都是全部身体投入的整体活动，只有相关器官都保持活动能力，能力才能获得良好发挥。所以，在平时必须保养好有关器官，在活动中也要注意调整疲劳的器官。

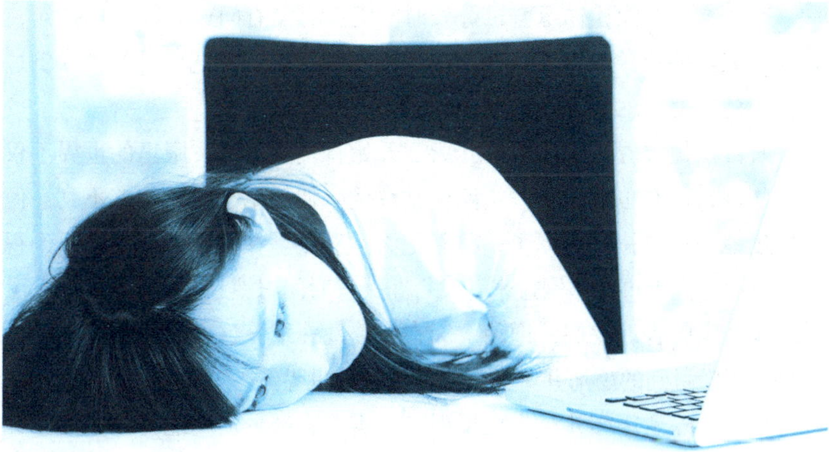

疲劳是影响能力发挥的主要原因

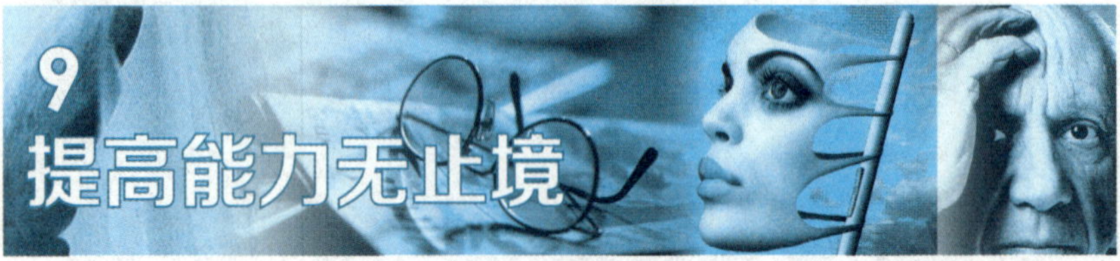

9 提高能力无止境

如果你在某种情境下暂时不胜任，请不要悲观。如果你暂时胜任，也请不要窃喜。我们需要让自己长期胜任某个复杂环境。这个过程，也就是你提高能力的过程。实际上，成年时我们使用的所有能力，都是从婴儿开始，长期的、自觉或者不自觉磨炼出来的。

当你置身原野时，会看到天在上，地在下。你走进一间房子，会看到天花板在上，地板在下。多么简单的真理啊。然而你或许记得生理卫生课上老师讲的一个知识：外界景物经过角膜投射在视网膜上的影像是倒置的。也就是说，天其实在下面，地其实在上面！

这个难题可能让你琢磨过好长时间吧？有没有问过老师？1897年，心理学家斯特拉顿制作了一个简单的倒视护目镜，能把外界的影像倒过来，于是，投射在视网膜上的图像便和外界的一样。

斯特拉顿戴着它生活了好几天，开始肯定不习惯，眼里的世界不仅上下颠倒，左右也混淆了。走路经常绊倒，伸手拿东西经常够不到。但是慢慢地，斯特拉顿习惯了，重新把天空看成是在上面。等他摘下倒视护目镜后，世界再次颠倒过来，又得花一段时间习惯它。

这个实验告诉我们，即使“天在上，地在下”这么个简单的体验，也是后天学习到的。那并不是新生儿眼里的世界。

是的，除了寥寥几种先天反射，人类绝大部分活动能力都是后天养成的。即使成年以后，人的发育不像儿童时那么快，我们仍然可以凭借训练提高自己的能力。

无论身体能力还是心理能力，都遵循两个规律。一是重学节省，学过的知识技能长期不用，需要重新学习时，掌握它们的时间会比初次学习明显减少。这意味着已经学习过的知识和技能提高了相应的潜力，所

提高能力是我们对自己负的责任

以再学习时会减少时间。

二是超量恢复，个体在长期进行某种活动后，机体有关生理指标先是下降，然后逐渐恢复，并且超过原有的水平。如果不能持续获得更强的刺激，这种超越保持一段时间后会再衰退。如果持续进行更强烈的活动，超量恢复就能保持下去。

我们能通过举重物把肌肉越练越粗，通过跑步增加耐力，通过读枯燥的书提高阅读能力，靠的都是超量恢复。如果没有超量恢复，人的各种能力都只能保持在原有水平上。

重学节省和超量恢复告诉我们，可以通过训练提高能力。一般人们认为，技能可以学，能力属于先天形成，不能通过训练来提高。其实在儿童、青少年时期，人的能力有自然成熟的成分，但在青少年时期以后，自然成熟就不再重要了，重要的是人们对能力的主动磨炼。

所以，切莫到了成年以后，就把磨炼自己的任务忘记了。提高你的能力，一生中任何时期都可以办到。

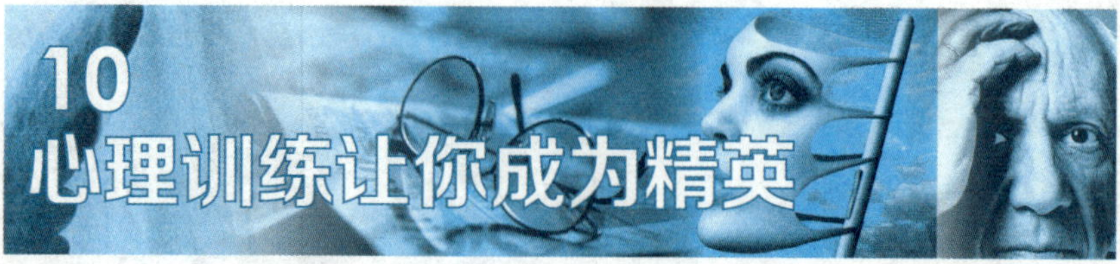

10 心理训练让你成为精英

“载人深潜器”这个名称随着中国“蛟龙”号的新闻，逐渐被国人熟知。为抵御深海里巨大的压强，深潜器外壳很厚，里面空间却很小，乘员进去就像钻进罐头。潜入几千米水下，如果艇身出现裂缝，海水会在几秒钟内灌满内舱，逃无可逃。

科学家要待在封闭狭窄的金属壳子里，进入危机四伏的深海，这会让人的心理产生哪些变化？对工作效率造成什么影响？光思考不会得到答案。二十年前，我国一位名叫陈立的工程心理学家就钻进深潜器，实地考察人在这种特殊环境下的心理变化。当时中国还没有能潜到几千米的深潜器，陈立是随美国深潜器“加尔文号”进入深海的。

不少同学梦想长大能成为军人、警察，甚至间谍，体验一番冒险生涯。这些行当都有个特点，就是除了复杂的专业技能外，还需要超强的心理素质。甚至可以说，心理素质是保证他们完成任务的关键。

严格来说，从事一切行业都需要心理素质，不过有些行业需要从业人员心理素质更强大，那里也总结出不少专门提高心理素质的方法。即便你将来不去从事这些高、精、尖的行业，了解一下他们接受的心理训练，对平时学习和工作也会有帮助。

运动员就是这样的行业。越是高水平的运动员，彼此之间技、战术差距越小，心理素质对成绩的影响越大。在成千上万观众面前比赛时保持训练中的水平，对心理素质也提出了极高要求。现代心理训练最早就产生于竞技体育行业。

军人对心理素质的要求也很高。军事心理训练这个名称近几年才出现，但培养军人心理素质的工作古已有之，只是现在技术条件优越，更为现代化。比如美军就设置有“鲜血屋”，里面有断肢残体的人体模型，十分逼真，用它们让军人体验战争的残酷性。

我国第二炮兵部队设置有心理适应训练中心，里面配备高压电网、多维强光灯、强噪声发生装置、抗眩晕训练室等设备，可以模拟封闭、风沙、强光、高温、炸药、子弹、飞机轰炸等各种战场环境，训练战士的抗压能力和协作能力。总共有数千名二炮官兵在此受过训练。

公安消防工作也需要过硬的心理素质。2005年以来，公安部建立起民警心理健康部级实验室，以意志品质训练为主，主要使用系统脱敏法来进行。这种方法的原则就是“越怕什么，越要接触什么”。公安干警在执行任务中会见到鲜血、尸体及残酷的犯罪现场，都是正常生活中不会见到的，新警员往往害怕接触这些东西。

航天员要在茫茫太空和狭窄环境里工作，对心理素质的要求也十分严格。这个行业一出现，各国航天员都要接受心理训练，中国航天员大队就配备心理教练。这些人既负责航天员选拔时的心理测试；也要在专业培训的同时进行心理训练，包括强化职业动机、心理相容性训练、情绪自我调节能力训练、自信训练、表象训练、耐受孤独训练等等。

有兴趣可以看看国产电影《飞天》，那里面就有对航天员进行心理训练的情节。

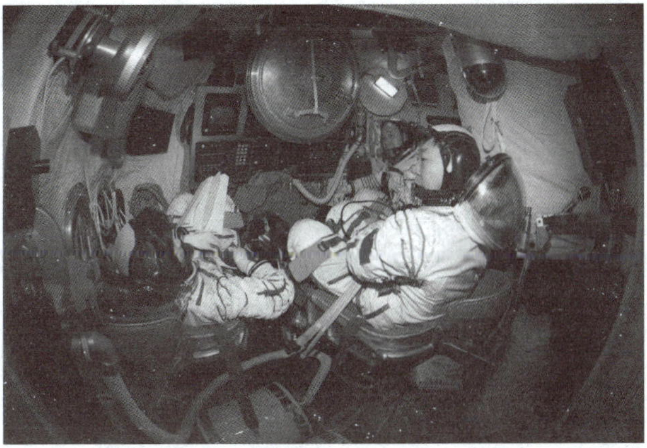

航天员要接受严格的能力训练

九　发展，用你的一生一世

1 成熟，发展的前提

爱看电影的同学，都知道有个“儿童不宜”的规定。成年人看的影视节目，有许多不适合少年儿童，这已经是个常识。我八岁那年观看日本电影《追捕》，里面有一个人跳楼，然后鲜血奔流的镜头，结果吓得我很久都不敢关灯睡觉。

当然，现在我是成年人，比《追捕》口味更重的片子看过不少，但我依旧记得当年那个镜头所造成的恐惧。不久前《侏罗纪公园》上演，很多家长也以为可以带孩子去“长长知识”，结果影院里不时传来孩子的尖叫声，有的家长不得不中途捂住孩子的眼睛，以免他看到恐龙的血盆大口。

“儿童不宜”的规定来自一个普遍规律：不同年龄的人，心理发展的水平也不同。这个规律已经是社会常识，环顾周围，你的亲朋好友年纪各有不同，心理上便呈现明显的阶段性。青少年的心理明显不同于婴幼儿，你与你父母也有显著差异。

前面八章都在讲人生的一个点。现在我们要讨论人生的一条线。人类心理随年龄变化而变化，这种变化在心理学上叫发展，并且专有一门发展心理学研究它。如果你进入师范院校，发展心理学就是你的基础课。这门学科的标准定义是：研究个体从受精卵开始到出生、成熟直至衰老的生命全程中心理发生和发展规律的科学。很枯燥？没关系，美国心理学家费尔德曼做了个通俗的解释：这是一个关于人类，以及他们如何变成现在这个样子的故事。

最初，发展心理学只研究从出生到青春期这个人生阶段，因为在这段时间里，生理因素的作用最为明显。社会上也普遍认为发展只是儿童青少年的事，学生的事。成年人谈不上发展。

现在，发展心理学已将研究范围扩大到终生，观察到成年期、老年期的发展规律。本书读者中有不少处于青春期的中晚期，或者青年早期，即将越过那个由生理成熟主导的发展过程。大家更关心“今后我会怎么样”，所以，我会在本章介绍终生发展的一些规律。

发展的物质前提是成熟，即由基因决定的生理变化。儿童什么时候换牙、青少年什么时候出现第二性征、人的神经系统什么时候发育到最高水平、什么时候又会老眼昏花，这些都有明显的年龄阶段性。后天活动会促使某个阶段提前到来或者推迟它的发生，但不能抹掉它。

需要注意，成熟不是成长，成熟是指由基因控制的生理变化，成长是指能力的提高，它对应着衰退。在人生前二十年里，成熟确实促进成长。但到了二三十岁以后，人的一些生理功能就达到一生的顶峰，并开始衰退。比如人脑发育到1400克左右就不再增加，脑细胞更是随年龄的增加而死亡，人的视力、听觉都会下降。这些都是由基因驱动的成熟过程。

人的心理活动都有生理基础，所以生理成熟肯定会导致心理变化。比如婴幼儿一般要到七个月才能扶着东西站起来，两岁左右学会说连贯的话，这都是生理成熟所决定的。不过，各种身心功能发育时间有早有晚，六个月婴儿的视力已经等于成年人，第二性征则要等到青春期再发育。

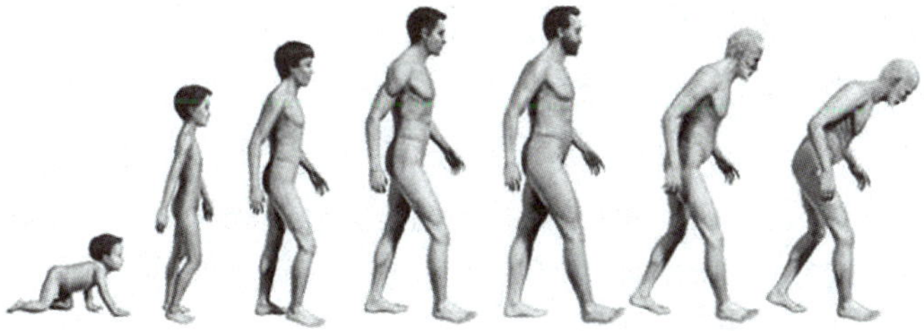

心理和生理一样，终生都会发展变化

2 在活动中求发展

15岁的青少年肯定比10岁的儿童显得老练，这是由他们之间生理成熟水平决定的。但一个55岁的成年人，心理素质却不一定比得上50岁的成年人。人生大部分时间里，成熟并不是成长的主要推动力，那么，成长水平又是由什么来决定呢？

婴幼儿主要时间在玩游戏，儿童、青少年主要时间在读书，成年人主要时间在工作，老年人主要时间在含饴弄孙，颐养天年。不同人生阶段都有自己的主导活动，正是它们决定着一个人的发展水平。

一个人天天干搬砖运瓦的活，另一个人在实验室里主持科研，两种活动给他们带来的心理发展肯定水平不同。同样是老年人，有的作家、科学家一直工作到八十多岁，精力依旧旺盛。另一些老人退休后很快就发生衰退。所以，活动才是发展的主导力量。基本上到了青春期后，人与人之间的发展差距就与成熟无关了。

初生婴儿不能完成任何有意义的活动，人类学会的第一个活动你可能猜不到，是“凝视”，用双眼有意识地跟踪活动对象。从这时起，人类就不断寻求完成更复杂的活动，以求适应和改变情境。个体自身也在这个过程中获得发展。人在一定年龄阶段都有相似的发展水平，也正是由这个年龄阶段的主导活动所决定的。

活动首先发展了单项心理能力，这在能力那章里已经介绍过。现在要补充一点——不同年龄阶段能力发展有各自的重点。婴幼儿是发展动作能力的关键期，这时候的主要任务就是学会控制身体，完成各种有意义的动作。学校生活对认知能力是个大发展。缺乏学校生活这一段，抽象思维能力就得不到充分发展。

其次，活动对各种心理过程进行整合。人在婴幼儿时期，各种心理过程是分散的，经常互相干扰。有些心理过程十分突出，与其他心理过程发生矛盾。比如在婴儿时期，情绪完全支配心理活动，婴儿哭起来无休无止。大约从幼儿开始，人类就尝试控制情绪，让它在适当的时候表现。

又比如，青春期孩子生理发育突飞猛进，个子长得很快，而动作习惯却无法发展得那么快，所以青春少年总显得动作不协调，看上去既比儿童笨，也比成年人笨。在更高水平上重新协调各种动作，就成为这个阶段的发展重点。

活动对发展的第三个作用，是不断形成新的胜任。当你从初中进入高中，你就逐步建立对高中情境的胜任。当你从学校毕业进入职场，你就逐步建立对职业情境的胜任。人生就是不断投入更为困难的情境，形成更为高级的胜任。

无论小还是老，活动才是发展的源泉

前面说过，每当人们形成新的胜任时，综合心理能力就会提高一截。所以，正是活动造就了心理能力的提高。如果你不去求学，不去工作，就无法得到相应的心理发展。

回顾自己三年前、五年前的表现你就会发现，当初让你非常痛苦的事，现在却觉得一般般，完全能挺住，甚至不知道这点小事当初为什么能折磨自己。这就是你心理胜任水平提高的表现。

成长的钥匙握在你手里。选择进入什么情境，做什么水平的活动，获得什么样的发展，最终取决于你自己。

3 社会化：发展的A面

世界各地都有兽孩的传说，中国医科大学的心理学家专门研究过其中一例。她叫王显凤，1974年12月23日出于辽宁省台安县。由于家庭贫困，生母与后父无法提供抚养条件，王显凤自小和猪生活在一起，学会啃草根，嚼树皮，用手扒土，用身体蹭痒。

8岁时王显凤被专家发现，当时她不会穿衣、吃饭，说不清话，不能分辨颜色、大小和数量，智商只有39。在鞍山市科委重点教养下，王显凤到12岁时智商勉强提高到68，只能简单地生活自理，无法融入社会。

王显凤这样的极端案例，显示了人类发展的重要方面——社会化。这个概念是指个人获得知识、语言、社会行为规则、价值观和交往技能等，从一个生物个体转化为社会个体的过程。

我们成为一个能在社会中立足的人，正是靠长期社会化获得的。尤其是早期的社会化更为重要。王显凤并没有先天缺陷，只是由于在人生早期无法与社会建立正常联系，一生都难以回归社会。

什么是社会化？首先是个体逐渐接受社会提供的活动目标，应该做什么、不应该做什么，个体接受这些规则，最终使自己的活动目标与社会要求相统一。除了生理需要外，几乎所有生活目标都是成年社会传达给你的。

活动目标有鲜明的时代性。如今十几岁的孩子都在学校里读书，而在封建时代，这个年纪必须婚配，在某些朝代里，如果十几岁的孩子不婚配，国家还要强行提供配偶。

活动目标也有显著的区域性。当你饥饿的时候，你脑子里想吃什么，都是社会教给你的。南方人爱吃的东西就不同于北方人。奶酪被西方孩子当成零食，虽然中国超市也卖这种东西，但中国孩子很少爱吃。

融入社会是发展的主要目标

这就是活动目标的地方特点。

其次，个体要接受社会提供的活动方式，包括礼节、法律法规、道德标准、知识、技能，都由社会来提供。当然，它们也有鲜明的时代背景和地区背景。比如过马路要看红绿灯，这就是现代城市文明的规则，在以农村为主的社区里就不存在。如今在大城市里坐公交车，要从前门上、后门下，这个规则在十几年前还不存在。

第三，个体要接受社会对不同活动价值的评定，即不同活动谁轻谁重、谁缓谁急的安排。一个人每天、每周、每月都要面对大量活动，如果它们之间发生冲突，你就必须安排先后顺序。你根据什么来做取舍呢？社会规则！尤其是一个年龄阶段的主导活动，更是由社会来安排的。孩子们一旦上学，就不能再以游戏为主导。成年人一定要就业，如果娱乐和交友与之发生冲突，要为职业活动让路。这都是现代社会对活动价值做出的评定。

有的同学会想，社会的要求我可以接受，也可以不接受。其实，即使你拒绝一种社会影响，也是因为接受了另一种社会影响。比如，主流社会提倡人们从工作中求发展，而在一些底层社区，大家并不看重工作价值，往往拿着失业补助混日子。生长在这里的孩子有可能没接受主流观念，但他仍然接受自己那个小圈子的影响。

4 个性化：发展的B面

如果你来到妇产科医院，看看刚出生的孩子，你很难发现他们有个性，无非是这个孩子哭声更大，那个孩子哭得更久。然而，当你接触成年人，却很容易发现他们处事为人上有自己的特点。

每个人都有自己的心理活动特点，心理学把这叫作人格，还专设一门人格心理学来研究。如果说发展的第一个主题是社会化，第二个主题就是个性化，也就是在一系列活动中形成自己独特的心理活动方式。

个性化过程，首先是活动目标的个性化。人类社会有成千上万种活动，各有各的目标，一个人不可能什么都去做，必须选择适合自己的目标。

从上学开始，学生就有偏科现象，没有哪个学生在所有科目上都取得相同成绩。高中阶段学生要在文理分科中做选择，这也是一次典型的个性化过程。许多年以后，文科生和理科生的世界观、生活方式都会有明显不同。

高考以后，大家要面临填报志愿。毕业后，要选择工作。进入职场，还要不停地调整。每次调整，都是朝建立自己生活目标跨前了一步。成年人有各种活动方式，军人不同于商人，官员不同于教师，这些区别首先来自于活动目标的选择。

选择完活动目标后，个体还要选择达成这些目标的活动方式，每个目标都有多种活动可以实现。比如同样是喜欢音乐，但喜欢的曲目各有不同；同样在搞文学创作，有人喜欢写小说，有人喜欢写诗歌；同样想做科学家，但是研究化学又不同于研究天文。

成年人和青少年最大的区别，在于他选择了自己的主导活动。

经过一段时间，他的性格特点就打上了这个主导活动的烙印。画家的穿着不同于银行家，军人的坐姿不同于学者。具体到每个行业，每个机构，每个人，最终都会形成自己的活动风格。

人生有限，活动多样。一个人安排不同活动的轻重缓急，除了按照社会的要求外，也必须根据自身的条件。所以，给不同的活动区分价值，也成为个性化的重要方面。对商人来说，赚钱最重要；对学者来说，获得研究成果最重要；对慈善家来说，解决社会难题最重要。至于如何处理学习和娱乐的矛盾、事业和家庭的冲突，每个人都会形成自己的方法。

个性化过程是自然发生的。无论有没有社会力量去提倡，或者自己是否意识到，人都会在不断活动中形成自己的个性。在今天，市场经济和法律社会更成为个性化过程的外部推动因素。它们都要求个人做选择，并对自己的选择负责。

读到这里大家会发现，社会化和个性化并不是两个过程，它们存在于同样一些活动中。比如，一个青少年学习与人打交道，他一边要熟悉社会的交往原则，揣摸别人的意图，一边要在交往中实现自己的目的。

又比如，当你们高考以后选择专业时，既是为了成为合格的劳动就业人员，也是为了实现自己的人生目标。两者并存在这个活动中。

形成个性是发展的另一个目标

5 回顾你的过去

儿童、青年、成年、老年，这些概念大家常用，可它是怎么划分的？法律上规定18岁以上算成年人，可如今这个年纪的人基本都在上学，看上去只是比初中生个头高一点。

如何对人生阶段进行划分，在心理学界有两种不同的标准。一是严格按年龄划分，比如1~3岁是婴儿期，3~7岁是幼儿期。这样划分容易与社会法律规定接轨。不过，我推荐另一种划分方式，即按照某个阶段的主导活动来划分。

比如，儿童的主导活动是初步适应学校生活，我见过五岁半就入学的孩子，也见过八岁才读书的孩子。进不进学校大门是关键，年龄不是关键。

又比如，成年期的主导活动是工作。有的人不到18岁就出去打工，有的在学校里读到三十岁才毕业。但不管什么时候踏入社会，只要在职场上待过一段时间，处世为人就比学生有明显提高。

按照这个标准，人生第一个阶段叫婴儿期，是从出生到学会走路、说话这两种技能为止。掌握走路这个技能后，婴儿对粗动作的学习基本就完成了，讲话则保证婴儿能够与他人交流。

结束婴儿期，直到上学读书这段时间叫幼儿期。过去，幼儿们主要与邻里的孩子一起玩耍。如今，多数幼儿会被送进幼儿园。这个阶段游戏是主导活动。游戏里面包含着任务，包含着设置好的情境，大部分游戏必须和小伙伴们一起玩。这是让孩子们熟悉社会生活的主要渠道。

幼儿时期最重要的发展是意志初步产生，可以抑制自己的冲动。心理学家米歇尔设计了一个叫“延迟满足”的实验，对象就是幼儿期的孩子。米歇尔给每个孩子发一份糖果，告诉他们，如果坚持一小时不吃，

每个阶段都有自己鲜明的心理特点

便可以得到两份糖果。结果有的孩子克制不住，在一小时之内吃掉了，有的孩子则克制住了冲动。人正是从幼儿期开始，为了实现社会目标学会自我克制。

由于独立活动能力飞速提高，幼儿产生独立活动的愿望，并与习惯照顾自己的家长发生冲突。以前教育专家把这个阶段叫“第一反抗期”，我觉得这个概念带有成年人的偏见，似乎应该叫“第一独立期”更好。毕竟，独立安排自己的生活是每个人成长的核心目标。如果家长知道这个“独立期”会到来，提前调整自己和孩子的关系，就能减少冲突。

从上学到青春期开始是儿童期，这是认知能力突飞猛进的阶段，也是个人承担社会责任的开始。游戏没有玩好并不会受到惩罚，但学习成绩不佳，则意味着个体没有很好地完成对社会承担的责任。

儿童期的一个特点就是好问，天上地下问个不停，经常把家长和老师问得很难堪，这是儿童渴望了解周围环境的表现。这个阶段，孩子们关注外界远远超过关注自身。

儿童期容易养成新习惯，是训练良好生活习惯的关键期。良好的卫生习惯和自我照顾的能力，都应该在这个阶段形成。

6 青春期，危险的年龄

青春期又称青少年期，从第二性征开始发育，直到个体适应这种新变化为止。早的可以发生在小学高年级，一般从初中阶段开始。

在青春期，身体发育异常迅猛，身高能达到一年长10厘米。在青春期结束时，青少年基本接近成年人的身高。青春期激素分泌旺盛，各种生理活动剧烈进行，所以情绪变化非常强烈，所以又俗称“疾风暴雨期”。

由于生理上迅速发育，青少年开始追求成人化的生活目标，不再像儿童那样依赖成年人，这会导致与成年人的冲突，所以又被称为“第二反抗期”。当然，最好改叫“第二独立期”。是否一定要有“第二反抗期”取决于家长，因为家长可以预知这个年龄段的到来，提前给孩子松绑，把管理自己的责任一点点转移给子女。

由于现在青少年掌握的资源比以前多得多，有的有钱，有的能偷开父母的车……“第二独立期”不能顺利度过，还会产生社会问题。前几年英法等国都有青少年上街打砸抢的事件发生，犯罪者年纪平均只有十几岁。英国警方在事件中逮捕的最小嫌疑人才11岁。

如果就暴力行为倾向而言，青少年是一生中暴力行为频率最高的阶段。只不过大部分暴力行为发生在青少年之间，被成年人当成“调皮捣蛋”予以忽视。在许多国家，青少年犯罪往往超过犯罪总数的一半，甚至70%。

青少年期还有一种特殊心理——自我神话。青少年夸大自身能力，认为发生在别人身上的“倒霉事”永远轮不到自己身上。这导致青少年更喜欢做危险动作，常因为攀墙爬树之类的举动而受伤。

不过，尽管青春期有这么多危险，但它是人生相当重要的阶段。

青春期充满暴风骤雨

如果平安度过，你就开始了自己的“准成年”生活。我也不赞成夸大青春期的危险，比如有的人说，青春期中一半的孩子心理都不正常，这是拿成年人标准来衡量孩子。青少年期要经历从小学进初中，从初中进高中两次大的人生变化，都需要适应，同时还要对剧烈的生理变化进行适应。成年之后，人们很少会在几年内经历如此多的生活变化。所以，青少年难免一时不适应。但这不是心理问题。

人在青春期发生的一个重要变化，是把关注重点从外界转到自身，特别是内心世界。青少年不再像儿童那样好问，反而呈现一种闭锁状态，把自己的事闷在心里，不和周围的成年人讲，偷偷寻找答案。这是由于青少年在追求独立性，对向成年人提问产生了顾虑，生怕这会影响到自己的人格独立。

7 青年：找到自我最重要

告别青春期，直到就业前，这个阶段叫青年早期，其主导活动是职业训练。这个阶段的主要任务是学习，要为将来工作打基础。

高中是青年早期的开始，这个阶段有很多相同的特点。其中的核心任务是建立完整的自我意识——我是谁、我这辈子应该做什么、我应该怎么生活等等，都是这个阶段学生们思考的中心。发展心理学家埃里克森把这个阶段称为“自我同一性危机期”，充分说明寻找自我是这个阶段的核心任务。

在第二章里，你接触到了“自传体记忆”这个概念。其中说到心理学家的一个发现：中老年人对19岁左右发生的事记得最牢，恰恰因为这段时间正是自我意识形成的关键期。

人对自己的认识，统称自我意识。它从幼儿期开始萌发，经历着缓慢的发展。但直到青年早期，面临进入社会这个关键问题，个体才会用大量精力来培养它。自我意识是社会成熟的开始，自我意识完善的人，开始真正以“我”的方式与社会打交道。他们会有意地突出自我选择，并为这些选择承担责任。

正是由于自我意识还在形成中，并不稳定，这个年龄的青年忽而自负，忽而自卑，在两个极端间游移不定。他们过于在意别人的看法，生怕说错话、办错事，招人耻笑。结果便是不敢说话，不敢行动。经常有这个年纪的学生问我，如何才能掩饰自己的内心，不让别人看出来？而成年人却喜欢提相反的问题——如何才能更好地与他人交流。

在青年早期，理想自我和现实自我经常发生冲突。理想自我是对自身理想状态的想象，现实自我则是对自身真实状态的认识。在青年早期，理想自我与现实自我经常分不清，青年们在言谈中对自己评价很

寻找自我是青年期的主要任务

高，实际上却又做不到。比如有的学生认定，自己遇到犯罪现象一定不会恐惧，会像侠客一样见义勇为，真遇上了又做不到。

这个年龄段的孩子对外表高度关注。身材高不高，长得帅不帅，都会让高中生很焦虑。现在一些十七八岁的孩子都热衷整容，就是对自己的长相过于挑剔。在学校里，体育成绩好的学生往往也因此更有人缘。因为这个原因，青年早期的孩子衣服往往穿得很严实，生怕别人看到自己皮肤不够白，或者体毛有点多。

总的来说，高中学生比起小学生和初中生都显得内向，如果请大家回忆自己过去的学校生涯，也会发现高中阶段的孤独感最强烈，总有心里话不知道找谁去说。

值得注意的是，尽管“寻找自我”成为这个阶段最重要的任务，但它却很少见诸学校的安排。高中和大学初期，知识学习仍然是主导活动，这招致了很多学生的反感。如果说小学生、初中生厌学，是单纯的不胜任，是由于精神疲劳。从高中开始，不少学生怀疑学校生活的意义，普遍开始在课外阅读中寻找人生答案。

8 职场：你一生的核心

成年人的主导活动是工作。职场成就的高低不仅决定着一个人的社会地位，还决定着一个人的心理发展水平。一个行业里最出色的那些人，他们的心理素质肯定非“菜鸟”可比。

与学生生涯不同，成年人没有监护人，可以自由选择是否进入不胜任的情境。比如，虽然父母爱给青年时期的子女施加压力，让他们进入婚姻这个新情境，但是如果孩子自己觉得没准备好，还是可以拖一段时间。

学生的生活以“年”来计算，读完一个学年，刚刚掌握目前的知识，就必须马上进入下一个学年，接受新知识。结果总是在不胜任中挣扎。成年人却要经受另外一种困扰。他们往往几年、十几年在同样的岗位上工作，天天做同样的事，时间长了就会产生一种叫“职业倦怠”的心理。不仅收入得不到提高，身心也得不到发展，觉得自己是在浪费人生。

成年人通过收益来与社会建立联系，这也是与之前所有时期不同的情况。职业心理学将工作给人带来的收益分为两种——内部激励和外部激励。内部激励指工作本身可以给人带来愉快。比如一个人从小喜欢电脑，成年后从事软件开发，他对这个工作本身就有兴趣。外部激励则是指工作带来的物质收益和社会声望。

两种激励同时作用于劳动者。只有内部激励没有外部激励，或者相反，都会使人产生厌倦感。如果你只是为钱多而挑选工作，一旦在收入上止步不前，这个工作对你的吸引力马上会下降。如果只是出于兴趣而选择工作，又会因为收入不高而放弃。

成年人的职业生涯大致分三个阶段。第一阶段以积累工作经验

职场的高度决定你一生的高度

为主要任务，应该挑选能够“长本事”的工作，多磨炼自己。这个阶段以产生“锚定效应”为终点。所谓“锚定效应”，就是工作到一定年头后，个人会稳定地追求一些职业目标，而不再游移不定，反复选择，像有一只无形的锚，把自己固定在某个领域里。

第二个阶段主要是积累成就，这时候应该选择能成功的工作。在这个阶段解决经济问题，组织家庭，积累财富和社会声望。

如果还有余地，成年人还可以开始第三个阶段，选择自己感兴趣的工作。有的富翁有钱以后，开始造潜艇、上太空、购买足球俱乐部，这些活动不赚钱，只是满足儿时的兴趣。当然，如果你没有好好完成前两个阶段的任务，到了此时也不能从容地做自己喜欢的事情。

当然，如果你在前两个阶段的工作正是自己感兴趣的，那么祝贺你，整个职业生涯中会减少很多不如意。不过一般人没有这种幸运，他们大部分时间为了谋生，要做自己不喜欢的事。对此，如果你还没有开始职场生涯，要有充分的心理准备。

不过，尽管已经跨到社会的门槛上，但许多高中生对未来的职业生涯并不渴望，对父母忙于事业也不理解。这是由于高中阶段缺乏经济压力，对物质条件不敏感造成的。提前熟悉职业生涯，做好思想准备，是高中阶段的重要任务。

9 发展的快与慢

前面说过，应该以主导活动划分一个人的发展阶段，纯粹的年龄标准并不重要。这是因为同一年龄的人，其主导活动的水平相差巨大。比如同样是17岁，圣女贞德已经在率众反抗侵略军，而现在大多数人还在上学。同样是29岁，拿破仑开始统治法国。而在今天，不少29岁的青年还是职场“菜鸟”。反过来，88岁那年，邓小平通过南巡讲话推动中国改革开放再上新台阶，而许多88岁的老人已呈行将就木的状态。

当我们确立主导活动这个划分标准后也就会发现，相同年龄的人因为主导活动的水平不同，身心发展水平差别很大。所以，我们会觉得某人早熟、某人早衰，这都是自发地运用主导活动这个标准。

对此，发展心理学家建立起各种“发展常模”，也就是所有同一个年龄阶段的人，大体应该发展到什么水平。然后把个体与这些常模去对比，确定他的发展水平。

你一定听说过智力测验这个词。其实它测的不是纯粹的智力，而是被测者与同龄人在智力上的比较，它的公式是“智力商数＝测验年龄÷常模×100”。比如，一个8岁的孩子能完成10岁孩子的智力测验题，他的智商就是125。一个10岁孩子只能完成8岁孩子的题，他的智商就是80。所以，说一个孩子智商高，其实是说他比同龄人早熟。

心理学家希望在各种发展领域都建立这种常模，但目前除了认知能力外，其他常模并不理想。而智力测验也主要针对青少年和儿童，心理学家希望在成年人群体里寻找智力的常模，目前也仍在努力中。

青少年理应追求早熟，不过现在却有不少青少年拒绝成长，甚至公开声明“不愿意长大”。这个趋势并非中国特色，发达国家的青少年普遍有此倾向。在中国这里叫“啃老族”，美国那里叫“回巢族”，德国

早熟现象在当代十分普遍

叫“晚熟雏鸟”，日本叫“单身寄生族”，韩国叫“白手族”。这些都是指不愿进入社会，不愿承担责任，成年以后还赖在父母身边的青年。意大利公共管理和改革部长雷纳托·布鲁内塔甚至呼吁颁布法令，强迫年满18岁的年轻人离开父母生活。

美国发展心理学家埃里克森在20世纪70年代就观察到了这个现象，把它称为“心理社会性延缓”，指一些青年人已经成年，但缺乏社会义务感，拒绝履行成年人责任的现象。埃里克森当时认为，这是美国中产阶级家庭富裕以后出现的新问题。他们给孩子创造了前所未有的消费条件，让孩子从小就在消费环境里长大，不用努力就能够吃好穿好玩好。而“长大”却意味着要努力工作，承担更多责任，添加更多辛苦，所得却未必增加。许多孩子因此不再渴望成年，甚至想一辈子待在学校里。

当然，我不希望本书的读者加入这个行列，早熟永远是值得追求的目标。

10 代沟，可以迈过，无法消除

“我们应该消除代沟！”

一讲到家庭教育、亲子关系，不知道有多少人做过这样的呼吁。但这并不现实。

“代沟”是发展心理学面对的重要现象。这个词发明于20世纪60年代，80年代初进入中国。第一批听说过“代沟”这个词并且深有同感的青少年（比如我），现在已经当了父母。但我们早就发现和孩子也有了“代沟”。更夸张的是，现在好多年轻人刚进入社会，就说他们和小几岁的学弟学妹之间有“代沟”了。

实际上，“代沟”是个客观存在，根本不能消除。人们应该研究怎么从这条沟上面架起桥梁，沟通两边的人群。

产生“代沟”的原因有三个。最重要的，也是永远无法克服的，就是人生发展阶段造成的差别。两代人永远处在不同阶段里。孩子面对青春期问题，父母正面对中年危机。孩子进入婚育期，父母相应地处在空巢期。孩子成为社会中坚，父母必须接受退休生活。不同人生阶段就有不同的需要，就有不同的看问题角度，这是双方彼此产生心理差异的根本原因。

可以看看你交下的亲密朋友，有多少人和你父母差不多大？不能说一个没有，但肯定很少很少，“忘年交”一向很稀罕，相差十几岁、几十岁的人客观上就缺乏共同语言。

产生代沟的第二个原因是教育水平的差距。中国现代化的一个重要方面就是教育普及率逐年提高。结果，家长的平均教育水平总是不及孩子。小学毕业的父母培养高中生，中学毕业的父母送孩子进大学。结果孩子成长到一定阶段，父母的经验就没有用了。当然，也有父亲是大学

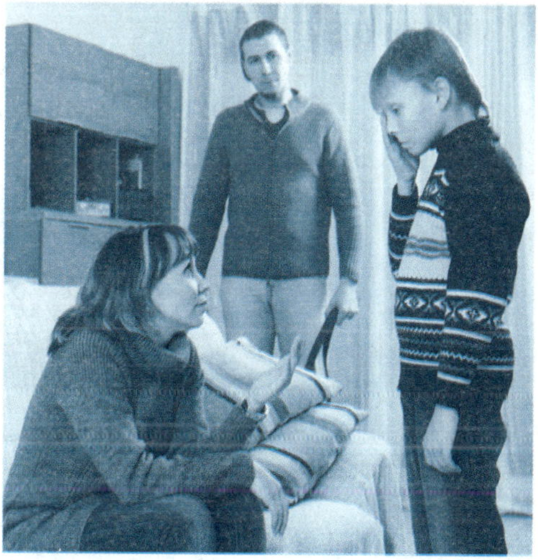

代沟是永恒的心理现象

生，孩子才读到中学的例子，但这样的例子很少。

第三才是不同时代生活方式的差别。每个人的生活方式都在他青年早期大致定型，而每个时代都会推出自己的时尚和偶像。比如，美国电影《变形金刚》，就是20世纪80年代一批青少年的最爱。现在进入电影院观看此片成人版的观众，有许多已经年近四十。而今天的小观众则另外有自己的偶像。

生活方式的差别以前被过多地重视，但它并不是主要原因。进入成年期后，人们往往弃时尚而追求永恒价值，不同年龄段的人都在读那些古籍经典，听那些老歌，并就此形成共同语言。

相比之下，人生发展阶段造成的差别，还有教育水平形成的差距更重要。有的家长为了和孩子沟通，刻意去看孩子喜欢看的电影、听孩子喜欢听的歌，但这只是表面文章，而且很难坚持。强行让自己接触并不喜欢的明星偶像，反而有做作之嫌。

两代人沟通的关键，还在于家长理解孩子所处的那个发展阶段，主动调整双方的关系。

十　互动，从一个人到一群人

试想下面这个情境：甲走在狭窄的走廊里，这是他的活动空间。如果走廊里摆着一只高大的柜子，他只能把它挪开才能过去。这只柜子就成为他的活动目标。

然而，如果他遇到的是一个人，那么双方会选择侧身行走，以便大家都能通过。当然，如果他遇到一个不友好的人，对方也许会故意挡在走廊里。

不管怎么样，遇到一只柜子和遇到一个人，所采取的活动完全不同。除非智能机器普遍存在，否则很少有物体会对人的活动做出反馈，只能被动地由人摆布。而当一个人的活动遇到另一个人的活动，双方彼此发生等量影响，这种互相影响就构成了互动。

所以，我们才把“他人活动”这个因素从情境里独立出来研究。

拜电视节目所赐，现在你听到“互动”这个词不会觉得陌生。但就是因为太熟悉，容易把媒体使用的“互动”和心理学上使用的“互动”相混淆。

在心理学上，互动指在具体情境下，两个或多个人的活动互相影响，形成一个活动整体。比如，甲在某场合遇到多年不见的乙，友好地向他伸出手，乙同时伸出手，两人完成一次握手，这就是一次互动。每个人伸手的目标，是为了迎合对方伸出的手。如果乙看到甲伸手，自己却不伸手，反而低头从甲身边走过，这也是一次互动，意味着两个人的关系出了问题。

双方活动彼此影响，才形成互动。你从书店里买来某作家的作品进行阅读，这只是作家对你单方面施加了影响，你并不能影响他。如果你参加这位作家的读者交流会，向他提问，请他签名留念，这才构成了互动。

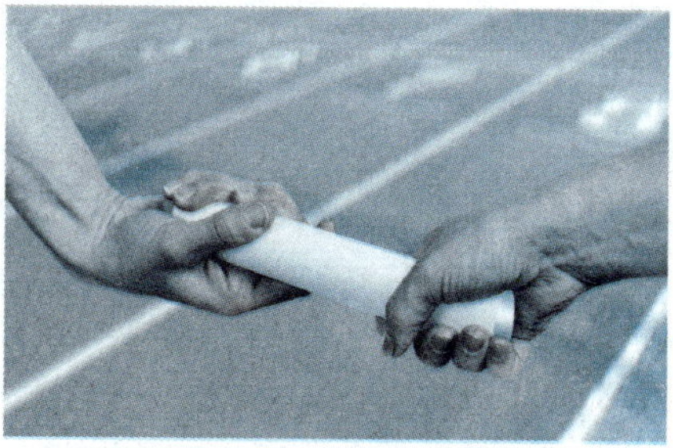

互动是生活的基本内容

又比如，青年人犯单相思的时候，甚至茶饭不思，形销骨立。但只要没向对方表达，这就是自己折磨自己，和对方没有任何关系。

互动还可以分直接互动和并不见面的间接互动。一个犯罪嫌疑人潜逃了，警察去搜捕他。在抓到嫌疑人之前，两方互不见面，但彼此都在进行针对对方的活动。

需要指出的是，直接互动这个概念最初就是指面对面的互动。随着电子传媒高度发达，人们通过电话、网络进行即时沟通，也算直接互动。

由于技术的提高，面对面的互动一天天减少，但是通过技术完成的即时互动却在飞速增长着。比如过去职工要到本单位出纳那里领工资，现在则去银行刷卡。网购的兴起，更是取消了顾客和售货员之间的直接互动。

在现实中，有些情境里不存在互动，比如一个人从冰箱中拿食物给自己吃。但大部分情境里，我们都在与他人互动。特别是学习、就业、婚姻这些有重大意义的事，必须在互动中进行。一个人社会成就的高低，很大程度上取决于他互动能力的高低。

前面九章，我们都是在研究一个人的心理。从现在开始，我们就从一个人延伸到了一群人。社会是由人群构成的，所以，我们也从个体的心理学进入社会心理学领域。是的，心理学中有一门分支就叫社会心理学，你有空不妨参考这方面的图书。

2 利他、互惠、竞争与冲突

电视节目主持人经常报出“互动电话”，请观众与节目组互动，这种互动在心理学上叫互惠式互动。电视台需要观众反馈，观众也希望借电视渠道表现自己。双方在一次互动中分别收获自己想得到的东西。我们生活中需要的资源，大部分通过互惠式互动从别人那里获得，它构成我们生存的基础。

还有一种善意的互动，叫利他式互动。在这种互动中，一方帮助另一方，而不谋求回报。最简单的利他式互动就是问路，一般你向陌生人问路，他们都会回答你，并不谋求任何回报。但如果你向交警，或者大型会议的志愿者问路，那么回答你是他们的工作，不属于利他互动。

人们并非在每种情境里都拥有可交易的资源，特别是遇到灾难情境，更需要无私的帮助。所以，利他式互动构成了互惠式互动的补充，成为我们生活资源的次要来源。

心理学上的互动是中性概念，并非都是正面的，也包括竞争和冲突两种情况。由于现实中各种资源总是有限的，无法满足所有人需要，人类客观上就在彼此竞争活动资源，这就是竞争式互动。比如你参加高考并被录取，同时就导致另外一个人未被录取。客观上，每年所有上榜生和所有落榜生都建立起竞争式关系。

在竞争式互动中，双方并不直接影响，而是从第三方争夺资源。而在冲突式互动中，一方直接从另一方那里获得资源，比如某甲抢夺了某乙的钱财，就是冲突式互动。这种互动不同于竞争式互动，在于甲之所得必然是乙之所失。而在竞争式互动中，甲之所得并非乙之所失，因为乙实际上也未得到那份资源，他们都要从另外一方获得资源。

在原始社会里，冲突关系多于竞争关系，明抢明夺成为公理。随着

竞争其实也是一种互动

人类社会的发展，冲突关系逐渐受到抑制，转化为不那么激烈的竞争关系。甚至，人们总用很隐晦的语言来描写冲突式互动。比如，“我一定要考全班第一！”“我一定要出人头地！”“本公司决定占领本省市场份额！”

这类豪言壮语背后都存在着竞争式互动。把它们翻译一下你就明白了：“我一定要考全班第一”这句话等于“我一定要剥夺班上其他同学拿全班第一的可能”。

“我一定要出人头地”这句话等于“我一定要让他人拜伏在我面前”。

“本公司决定占领本省的市场份额”等同于“本公司决定把同行挤出本省的市场”。

实际上，后一句的含义和前一句完全相同。但如果人们按后面的方式讲出这个意思，就表明自己要对他人公开宣战。而用前一种方式说出，语气会缓和许多。

3 控制、平等与依赖

你在大街上向行人问路，以后你和他可能永远不见面。但如果你经常和一个人打交道，慢慢地，你们之间的互动就会形成一定模式。你会固定地向他说一些话，做一些事，而他对你也一样。这就形成了人际关系。

社会上为人际关系提供了许多名称，比如师生关系、亲子关系、夫妻关系、兄弟关系、同事关系、朋友关系等等。在不同的时代、不同的社会，人们为这些关系安排了不同内容，谁应该做什么，不应该做什么，都附着于这些关系名称里面。

然而，同样是夫妻，有的形同陌路，有的如胶似漆。你和班上所有人都是同学关系，但也不可能一视同仁。所以，人与人之间名义上是什么关系并不重要，重要的是他们实际上互相做了什么。

心理学家正是从这个角度来研究人际关系，他们不讨论那些由社会安排的关系，而是具体记录两个人之间实际发生了什么互动。对它们归类，研究，总结出互动的规律。心理学家将个体对他人的活动方式分成三类——控制、平等与依赖。

控制，就是在互动中安排对方的活动目标和活动过程，当对方有所偏离时加以约束。父母带孩子，老师管学生，都是在运用控制的方式进行互动。

依赖与控制相反，在互动中由对方提供活动目标，安排活动过程，但是也要对方承担活动后果。当自己缺乏活动资源时，还要求对方予以提供。比如一个孩子缺乏课堂、教具这些东西，他不需要自己解决，而是由成年人提供。

平等则是在互动中与对方共同协调活动目标、安排活动过程、组织活动资源，并共同承担活动后果。

最初，我们都依赖他人才能生存

每个人在与不同人互动时，所采用的活动方式并不相同。比如一名官员遇到下级，肯定要使用控制方式，但遇到上级则会使用依赖方式进行互动。父母在家里要管理孩子，在单位上又受领导的约束。

如果在彼此互动中，两个人实施的互动方式恰好配套，他们的关系就是融洽的。比如在婴幼儿时期，孩子都对父母报以依赖态度，而父母也愿意管控孩子，这时候亲子关系就比较好相处。孩子长大以后，希望以平等方式对待父母，而父母还习惯实施管控，于是就容易发生冲突。

朋友交往是一种倾向于平等的关系，但也有人在交往时特别喜欢控制对方。如果对方愿意当“马仔”，依赖于他，那么他们也能形成融洽关系。但如果对方只是想平等交往，甚至想反控制，这种关系就不容易发展下去。

还有些人对与不同人相处带来的情境变化认识不清，对所有人都使用相似的互动策略。比如一个人在社会上担任领导职务，回家以后还用领导的方式与配偶互动，而配偶希望以平等的方式互动，这样就会发生冲突。

这节内容不仅传递了一个心理学知识，也给你提供了一个处事原则：你和某人处于什么社会关系，那并不重要。你和对方实际形成什么样的互动，这才是关键。

4 看到另一半

当你面对一支笔、一台电脑、一张桌子或者一副球拍的时候，你肯定能主宰它们。甚至你遇到小猫小狗，也可以控制它们。但如果你面对的是一个人，那么从心理学角度讲，他在你的情境里，你也在他的情境里。他不能把你当成工具，你也不能把他当成物品。

当两个人的活动遇到一起时，就形成一个活动组合，每个人的活动只有放到这个组合里才能理解，这是互动概念的深层意思。比如，我们形容一对恋人“如胶似漆”或者“磕磕碰碰”，并非评价其中一个人的活动，而是指他们彼此活动的组合状态。

当一个人的活动与他人活动构成一对互动时，我们不能单独观察某一方面的活动。比如某学生化学成绩总上不去，很可能是他不喜欢化学老师讲课的方式，或者两个人曾经有冲突。又比如恋人或夫妻发生争吵，如果你只听其中一个人的说法，很容易被误导。一个人的所作所为，总与另一个人的所作所为互呈因果。

由于人们在生活中大部分时间里都在互动，所以，我们必须了解某个活动的对应活动，才能对这个活动全面了解。比如一名员工在工作时松松垮垮，仔细观察会发现是与老板发生矛盾，有所不满。这个原因，单纯观察他在工作场合的表面是发现不了的。

现实中，我们经常要跨越单个人的活动，观察两个，甚至多个人的活动组合。比如一场体育比赛肯定不是一个队，或者一个选手能够完成的。所以，评价一个参赛者的成绩，要看他在与什么样的对手比赛，也要看他与什么样的队友配合。体育比赛是互动的典型，没有了对手，再好的选手也没有了成绩。

旁观者清，当局者迷。如果我们旁观别人之间的互动，我们会看得

互动中，每个动作都是对他人动作的反应

比较清楚。如果我们自己是互动一方，了解互动就比较困难了。很多时候人们会误把自己当成镜子，或者摄影机，以为别人在他面前客观展示了自己的思想感情。

其实那完全不可能，每个人面对你的时候，都意识到你的存在，并针对你进行特别的活动。所以在面对面的时候，你只能看到别人想让你看到的那些东西。你要把别人对你的活动，当成你对对方活动的另一半——他关心你，是因为你关心他。他对你礼貌，是因为你对他礼貌。他对你冷淡，是因为你对他冷淡。如此而已。

以互动的态度来观察自己的亲朋好友，你就会避免陷入怨天尤人的误区。别人对你的行为，取决于你对对方的行为。如果对方的行为有益于你，要考虑怎么把它保持下去。如果对方的行为不利于你，要考虑怎么调整你和他之间的关系。总之，你周围有怎样的人际关系，取决于你投入了怎样的努力。

5 在互动中认识他人

对于一个人来说，万事万物都是他的认知对象，不过人肯定是其中最重要的对象。数数你身边的物品，有几样是你自己制造出来的？几乎全部都要在与他人互动中获得。如果不能了解他人，你将寸步难行。

可是如何去认识他人呢？我们可以观察他的体貌特征，了解他的社会身份。然而这都是死的材料，此人过去、现在和今后的活动才最重要。而在这个人全部活动中，他如何与他人互动，更是重中之重。所以，通过观察某个人的互动来认识他，是提高我们社会辨别能力的重要方面。

自从婴儿时期学会“凝视”后，人们就在观察他人。没接触心理学，大家也都在做这件事。心理学的价值在于它能提供一些好建议，帮助你优化这一工作。

首先，要警惕社会定势效应。所谓社会定势，就是在实际接触对象之前，通过他人的言语文字间接形成一定的心理准备。比如事先听说某人是“名人”，见到他时，就觉得他一举一动都很得体。事先知道某人刚从监狱里释放出来，见到他时，就觉得他的表情和姿势都很恶心。

社会定势一般存在于两个人交往之初，随着你与这个人深入交往，他真实的一面会暴露更多，你也会逐渐形成比较客观的印象，但这个变化的过程肯定越短越好。

其次，你要克服社会偏见。社会定势针对某个具体对象，社会偏见不针对某个具体人，而是针对一群人。比如“科学家都不擅交际”“某省人都是骗子”“某市男人都缺乏男子气”等等。当然也有一些正面的社会偏见，比如“德国人很严谨”“法国人很浪漫”。那些国家里既有符合这些特点的人，也有好多人根本不是这样。

当你听到一种社会偏见时，你就要提醒自己，你接触的是一个具体的人，不是一群人、一类人。这个人是什么样，你必须亲自观察，亲自发现。

再者，要学习在不同情境里观察一个人。限于条件，我们经常只是在一类情境里观察某个人，比如电视台的著名节目主持人，你只能看到他在电视上的举动，很难看到他在日常生活中有什么表现，甚至他退到后台，那时的举动你都看不到。

你观察一个同学，也只能看到他在学校里的样子，很难看到他在家里的表现，或者在社会上的样子。自己的父母再熟悉不过了，但是你也只看到他们在家里的样子，不知道他们在工作单位的表现。

人们很容易忽略这种区别，认为只要在一种情境下观察一个人就足够了。这当然不正确。人从懂事起就学着适应不同场合。当孩子们进入学校后，就会把学校与家庭区分，用不同的方式对待老师和家长。到了小学高年级，同龄人之间形成小圈子，孩子们在同龄人之间相处时的表现，又不同于他们与成年人相处的举止。到了成年以后，人们更是知道要在不同阶层、不同职业的人面前区分自己的言行。

所以，必须多寻找几种情境去观察一个人，你才能对他有全面的了解。

只有在互动中才能更好地认识他人

6 动作与互动

人类动作如果按对象来划分，基本可分为两类。一类是针对物体的，使用工具、搬弄物品、在活动空间里移动自己的位置，都属于这类动作。另一类则针对他人活动的，从打招呼、交谈，到争吵、打架，都是针对他人活动的动作。一定要明确，这类动作不是针对他人本身，而是针对他人活动的。你和一个人说话，是针对他和你说的话。顾客从售货员手里接过货物，是因为他刚才向售货员递过了钱。

从对他人活动的影响上来看，这些动作又分为三类，一些动作可以加剧他人的活动，心理学上把这种现象叫社会促进。比如，演员在台上表演，如果台下观众发出喝彩声，他们精神状态就更好，表演会更出色，反之亦然。

另一些动作会减缓他人的活动，心理学上把这种现象叫社会促退。比如一个司机闯了红灯，警察招手把他叫停，这个手势就起到促退作用。老师如果总是批评学生，学生的学习积极性就会下降，这也是一种社会促退。

社会促进和社会促退本身并不能判断好坏。不能说促进就是好事，促退就是坏事。要看促进了什么，促退了什么。相声演员在剧场里表演，抖了一个包袱，大家都笑起来，形成快乐的气氛，这是社会促进。如果此时有两个人大声议论自己的事情，对周围观众就形成社会促退。但如果换过来，一个职员在公司里突然笑起来，对同事的工作也会产生促退。

我们生活在人群中，大部分情况下，你的动作不是对他人实施了促进，就是形成了促退。有时候它们会产生很好的影响。比如周围的人都喜欢体育锻炼，你很容易也喜欢上运动。周围的人都不随地吐痰，你染

三个和尚的故事，讲的就是社会促退

上这种恶习的几率也会下降。

除了这两种，还有一类动作，虽然与他人动作发生在同一空间，但互相不影响，这种现象叫动作分隔。比如，商场里有些人在闲逛，如果人数不多，彼此就不产生影响。如果人山人海，彼此之间会形成促退效果。

有时，人们还要刻意制造出动作分隔，一家几口住在一起，如果其中一个人的动作总在影响其他人，无论是促退还是促进，时间久了都受不了。所以，家人同住时会有意营造一种彼此不影响的气氛。

无论你是否注意到，你的动作都在影响周围的人。但有意为之和无心插柳终归不一样。所以我们还要区分互动中的动作是否有意。有时候，人们有意识地影响对方的活动。比如老师鼓励大家认真学习，这就是有意促进。老师要求大家避免考试作弊，这就是有意促退。

也有的时候，人们无意间对他人形成了影响。比如一个人很爱干净，并没有要求别人也这样。而和他一起生活的人时时看到他良好的卫生习惯，会受到压力，也讲究起卫生来。

青少年容易产生一个误解，以为只有老师和家长影响自己，甚至只看到自己被别人的言行所影响，但是，只要你与他人在一个空间里活动，你就随时反作用于对方。所以，时时分析自己言行对他人的影响，善加利用，扩大正能量，是我们每个人的责任。

7 “面具”并非都有害

情绪那章里介绍过一个知识，当人发自内心微笑时，他的眼轮匝肌会展开。而摆出职业性的微笑，则只有口部肌肉在动作。不过，当我们进入宾馆、餐厅或者商店的时候，我们并不在意服务员的微笑是否发自内心。她们面带笑容，就比拉长面孔看起来舒服。

大部分情况下，我们能够接受他人“伪装”出来的表情，我们自己也会伪装表情，这样的表情虽然不能真实反映此时的内心情绪，但在社交中却是必须的，这类表情叫功能性表情。它们主要起到社交符号的作用，比如当一个人对你微笑时，就意味着他准备接纳你。所以，功能性表情在互动中是重要因素。

观察某人在青少年、成年和老年等不同时期拍的照片，会发现一个重要变化，就是面部表情逐渐丰富。而这并非靠自然成熟，基本上都是熟练掌握功能性表情的结果。比起青年人，成年人擅长用一个眼神来示意别人，用一个微笑来安慰别人。在语言不能解决问题的时候，一个表情往往能起大作用。

功能性表情不等于隐匿一切情绪，而是在一定情境下展示相应的情绪。以往有种绅士教育，要求人们“喜怒不形于色”，结果导致表情僵化麻木，冷若冰霜。相反，歌星在舞台上比比画画，看似情绪激昂，其实很多都是功能性表情，用来调动剧场气氛。

功能性表情和“矫揉造作”也不能画等号。“矫揉造作”是指一个人表情夸张、离奇，别人明显看出他不自然，实际上是功能性表情没做到位的结果。而专业演员的工作，主要就是制造功能性表情，但看上去要达到“自然而然”的境界。

功能性表情更不等于“虚伪”。虚伪是道德评价，通常指人们利用

有时候人们需要职业化的表情

功能性表情做有损于他人的事，而平时人们使用功能性表情并非都是为了伤害他人。就拿宾馆服务员来说，谁也不会认为她们的微笑是虚伪。

功能性表情是好是坏，要看将它运用到什么地方。比如，电视台播音员在工作时要求有良好的精神面貌，不管他在台下遇到什么，必须在工作时控制自己的表情。教练员在比赛时要鼓动自己的队员，其实有时候他自己也很失望。演员更是把制造功能性表情当成看家本领。

当然，也有人利用功能性表情做坏事，比如诈骗分子要伪装出各种表情，配合言语令人上当。犯罪分子被捕后，靠功能性表情掩饰自己，与警方周旋。这都是利用功能性表情做坏事的例子。所以，功能性表情本身没有好坏之分，要看它们被谁运用在什么情境里。

有些心理学图书介绍了身体语言，又称体态语言，指在互动中以姿态、手势、面部表情和其他非语言手段所体现出来的情感与态度。它们并非功能性表情，而是人在交往时自发出现的动作。这点需要大家注意。

8 从活动到事件

两个人彼此以对方活动为目标，展开自己的活动，这叫互动。但也有的时候，许多人聚在一起活动。比如，一支球队有十几个人，如果参加比赛，对方也来这么多人。这时我们关注的不是其中哪两个人在互动，而是这些人构成的共同活动。当解说员说“甲队快速进攻、乙队积极防守”时，他也不是指场上一两个人在进攻或者防守，而是指整个球队的共同活动。

当我们观察这类共同活动时，可以称它们为事件。球队比赛就是典型的事件。一群陌生人进入同一个电影放映厅，同看一场电影，构成一个观影事件。几名医生为病人做手术，也可以称为一个事件。每天我们从新闻上看到的事，小到家庭纠纷，大到国际关系，它们都是事件。大事件套着小事件，小事件组成大事件。人类社会的发展变化就是由无数事件组成的。

好吧，让我们先收回这宏伟的视野，分析那些具体事件。在每个事件中，根据参与事件的人所起到的作用不同，可以将他们分为当事人、参与者和旁观者。当事人是该事件的直接发起者，少了这些当事人，事件就无从发生。比如婚礼必须由未婚夫妻双方共同发起，少了其中一个人，这场婚礼就办不成。但双方亲属却不一定全部都要到场，他们不是当事人。

参与者不是事件的发起者，他们参与其中，起到次要作用。参与者可以参加，也可以不参加，对事件没有决定性影响。比如婚礼中的宾客就是参与者。到场的宾客参与制造喜庆气氛，但如果少了其中两三个人，或者多出两三个人，都不影响婚礼的举办。

在课堂教学中，教师是当事人，而学生是参与者。某天有个学生请假，并不影响一堂课的进行。而教师因事请假，这堂课的内容就得改变了。

能获得事件信息，能观察和评论，但不直接参与事件的人，称为事件的旁观者。有些事件完全没有旁观者，比如两个人在密室里谈话。有些事件有很多旁观者，比如一场向全世界转播的比赛。对于被媒体传播的公共事件，旁观者可以有成千上万之多。

旁观者虽然不参与事件，他们的存在也对当事人和参与者构成影响。尤其是人类的自尊需要，很大程度上是针对旁观者的。一个人穿着名牌上街，并不是给哪个特定的人看，而是给所有的路人看。一个人追求出名，也是想让社会上的人重视自己。反过来也经常有这样的事，某人失学、失恋或者失业，马上会觉得“没有面子”，甚至要死要活。所谓“没有面子”，是指事件传播出去，在旁观者那里得到负面评价。

同一个事件里的不同人，分别处于不同位置。反过来一个人在不同的事件里，所处的位置也会发生变化。比如某员工在公司里上班，他的老板是主导，员工执行老板的命令。但他在办婚礼时邀请老板参加，那么老板就是宾客，不会成为婚礼的主角。

我们每天要参与不同事件，成年以后，更是经常参加多种场合的活动。在这些场合下，哪些时候自己是主角，哪些时候自己是配角，一定要分清楚。

9 交往中的误区

我们研究自然的互动过程，就是为了避免互动中的不良习惯。首先，要避免过度地将他人工具化。

前面说过，情境里包含空间、活动对象和他人活动三类成分。如果我们把他人活动当成实现自己目标的手段，就构成了对他人的工具化。

有些情境里，物质工具和人类活动之间确实存在着替代关系。过去公交车都由售票员售票，现在多为自动投币，自动投币机就替代了售票员的活动。银行里的ATM机也取代了很多柜台里的工作人员。这些情形说明，人在一些情境里是起着机械、工具的作用。

现实中人人都有工具性的一面。我们乘车时，司机只是驾车“工具”。我们购物时，营业员只是导购“工具”。我们求医问药时，医生只是解除病痛的“工具”。我们做生意时，顾客只是我们赚钱的“工具”。

长此以往，我们会忽视他人的整体性，只把他人当成我们生活中出出进进，甚至随意支配的工具。如果和他人之间只是简单的事务性交往，“不把别人当人”的做法还勉强可以。但这一倾向妨碍了我们与他人进行深层次的互动。所以，待人接物中特别工具化的人，往往没有好朋友。

另一个普遍的社交误区，是过分的自我中心状态。自我中心是指人们习惯从自己的角度观察世界，这在个人生活中是正常的，但它经常造成互动中的错觉。

比如现实生活中，我们往往放弃客观坐标，以自己为原点判断周围事物，因为这样做更方便。上下、左右、前后、远近这些名称，往往是以自己为原点做出的判断。在生活中，采用这类坐标会带来很大的便利性，但我们很容易忘记其他人的坐标与我们不同。

把自己的喜怒哀乐当成别人的喜怒哀乐，也是过分自我中心状态的表现。一首歌、一本小说、一个人、一件事，他们在你内心激发的情绪，常常不同于给其他人造成的影响。所以要知道，我们喜欢的东西，别人可能不喜欢，也有权利不喜欢。我们讨厌的东西，别人也有权利当成宝贝。我们的主观情绪，并不是评价事物好坏的标准。

自我中心是交往大忌

青少年因为互动经验少，对四面八方的人缺乏了解，最容易在这方面产生误区。他们很容易把自己看重的东西，当成客观上所有人都必须重视的东西，并因此与他人产生矛盾。

在社交中，人们要对他人或者自己行为的原因进行推论，这种活动叫归因，是互相交往中重要的心理现象。人们每天都在进行归因。这里面既有正确的经验，也形成许多错误归因习惯。

当自己的活动失败时，人们更多地归咎于情境因素；当自己活动成功时，更多归功于自己的努力和智慧。反过来，当别人失败时，不少人会归咎于他自己无能；而当别人成功时，则会归结于环境和运气使然。

这样的归因能够保持心理平衡，但会扭曲你面对的现实。

主要参考书目

[1]《中国大百科全书》，中国大百科全书出版社，2009年3月

[2]《简明不列颠百科全书》国际中文版，中国大百科全书出版社，1999年4月

[3] 朱智贤主编：《心理学大词典》，北京师范大学出版社，1989年10月

[4] 林崇德，杨治良，黄希庭主编：《心理学大辞典》，上海教育出版社，2003年2月

[5] 朱祖祥主编：《工业心理学大辞典》，浙江教育出版社，2004年3月

[6]（加）基恩·斯坦诺维奇：《对“伪心理学”说不》，人民邮电出版社，2012年1月

[7] 叶奕乾等主编：《普通心理学》，华东师范大学出版社，2010年6月

[8]（美）斯特尔伯格：《认知心理学》，中国轻工业出版社，2006年1月

[9]（美）查尔森：《生理心理学》，中国轻工业出版社，2007年5月

[10] 孟昭兰主编：《情绪心理学》，北京师范大学出版社，2005年3月

[11] 宋文阁等主编：《实用临床疼痛学》，河南科学技术出版社，2008年10月

[12] 董奇，陶沙主编：《动作与心理发展》，北京师范大学出版社，2002年11月

[13] 张伯源主编：《变态心理学》，北京大学出版社，2005年6月

[14]（美）罗伯特·斯莱文：《教育心理学》，人民邮电出版社，2004年7月

[15] 耿德勤主编：《医学心理学》，东南大学出版社，2008年7月

[16] 郑雪主编：《人格心理学》，暨南大学出版社，2007年9月

[17]（美）谢佛，麦伦斯：《普通心理学研究故事》，世界图书出版公司，2007年9月

[18]（美）格里格，津巴多：《心理学与生活》，人民邮电出版社，2003年10月

[19] 丁新胜编著：《心理素质的养成与训练》，河南大学出版社，2007年5月

[20]（美）罗伯特·费尔德曼：《发展心理学》，世界图书出版公司，2007年7月